U0584558

现代建筑的故事

吴焕加

著

北京出版集团
北京出版社

目 录

百年回眸

——20 世纪西方建筑小史

纵观 20 世纪，建筑领域发展之快，进步之速是几千年世界建筑历史上前所未有的。回顾这一百年的变化，似乎可以概括为这样几句话，即：技术大跃进，功能大提高，观念大转变，设计大进步，艺术大创新。这里连用了 5 个"大"字，有无夸大之嫌？我想只要将 20 世纪的建筑同先前任一世纪做一比较，便可看出实情。

由于长期的历史原因，总的看来，近代和现代世界建筑发展最早和最快的地区是欧洲和北美资本主义发达国家和地区，然后陆续引发世界其他地方建筑演变和发展。笔者从 20 世纪西方国家的重要建筑中选择一部分有代表性的作品，主要从建筑设计、建筑艺术和所代表的建筑思潮和流派的角度加以取舍，以显示刚过去的 100 年中出现的若干建筑现象。

下面就 20 世纪西方建筑发展演变的情况和过程做一概括的介绍。

19 世纪：新因素与老传统

18 世纪末，英国首先开始工业革命。19 世纪，西欧和北美先后进入工业化时期，机器生产迅速取代手工业生产。工业生产的铁和水泥用于房屋建筑业，随后不久，钢和钢筋混凝土成了大型房屋的主要结构材料，房屋结构由经验阶段走向科学计算的阶段，建造房屋的材料和技术出现革命性的变化。同时，随着城市的扩大，社会生活的复杂化，建筑物类型大大增加，对房屋提出了多样复杂的功能要求，生产和生活要求增加房屋的层数和跨度。在 19 世纪以前的前工业社会，房屋中的设备一直非常简单，盖房子基本上是建造一个壳；19 世纪情况改变，升降机、给水、排水、供暖设备等渐渐成为重要建筑物的必需品，建筑设备方面的进步大大提高了房屋的使用质量。

博览会在 19 世纪兴盛起来，它们是工业、商业和交通运输业大发展的产物和标志，经济发达的大城市频繁地举办规模巨大的博览会，其重要性超过了传统的宗教节日活动。博览会常常提出一些新的建筑要求，也给建筑业提供显示成就的机会。19 世纪最突出的是 1851 年和 1889 年的两次大型博览会。

1851 年伦敦世界工商业博览会展览馆面积庞大，然而工期很短，要求在 9 个月内建成一座 9.2 万平方米的展馆，还要在展览会结束之后迅速拆除。欧洲众多的建筑师参加设计竞赛，但是无一中选，因为一切传统建筑方式都无法满足要求。最后是采用一位农艺师的方案，用玻璃和铁建造植物温室那样建造展览馆，这些构件和玻璃都是工厂生产的标准产品，运到现场拼装，很快就建起来。建筑由于通体透亮，被称为"水晶宫"

（Crystal Palace）。

1889 年法国大革命 100 周年，为此举办的世界博览会上有两座突出的建筑物：一个是玻璃和钢铁结构的机器陈列馆（图 1），长 420 米，净跨度达到 115 米；另一个是高 312.5 米的埃菲尔铁塔（巴黎铁塔）。19 世纪以前，世界上最大的建筑跨度是罗马的万神庙和圣彼得大教堂，它们的圆穹顶直径都是 42 米，先前最高的建筑是德国乌尔姆市大教堂的尖塔，塔尖距地 161 米。1889 年巴黎世博会的机器馆和铁塔，一个在跨度方面，一个在高度方面，远远超过了人类先前所造的一切建

图 1.　1889 年巴黎世博会机器馆

筑物。

　　建筑领域出现了众多新因素和新事物，但是直到 19 世纪末，人们的建筑观念、建筑理论、建筑设计的方法，特别是建筑艺术观念却极少改变。对于许多人来说，传统建筑观念仍然牢牢地占据着他们的头脑，历史流传的建筑样式仍被视为至高无上的、永恒的、不能或缺的东西。

　　19 世纪英国著名的学者、文学家、评论家拉斯金（John Ruskin，1819—1900）在 1849 年出版的关于建筑的著作中写道：

> "我们不需要新的建筑风格，就像没有人需要新的绘画与雕刻风格一样。当然，我们需要有某种建筑风格。""我们现在知道的那些建筑样式对我们是足够好的了，远远高出我们之中的任何人，我们只要老老实实地运用它们就行了，要想改进它们还早着呢！"（The Seven Lamps of Architecture）

　　抱着这样的文化艺术观念，拉斯金对伦敦水晶宫和巴黎埃菲尔铁塔就很看不上眼，并且怀有十分厌恶的心理。19 世纪后期以提倡手工艺术而闻名的英国著名社会活动家威廉·莫里斯（William Morris，1834—1896）也是这样。

　　拉斯金和莫里斯代表着当时一大批欧美上层人士谨守旧规的社会文化心理。所以我们看到 19 世纪后期一批重要的建筑物，尽管使用功能已有进步，有的采用了新型铁结构，但是仍然套用或基本上套用历史上的建筑样式。著名的巴黎歌剧院（1861—1875）（图 2）和华盛顿美国国会大厦（1851—1867）（图 3）就是显著的例子。这种情形还延伸到 20 世纪，例如 20

世纪初期在华盛顿建造的林肯纪念堂（1914—1922）和杰斐逊纪念堂（1943 年落成）都采用十分地道的古典建筑样式。瑞典斯德哥尔摩市政厅（1923 年落成）也是一个传统风格的建筑物。类似的仿古或半仿古建筑在 20 世纪世界各处并不少见，人们这样做的出发点不尽相同，但都属于传统建筑风格在 20 世纪的延伸。这种状况是很自然的。

建筑材料，建筑结构，建筑设备，房屋的体量，高度和跨度，房屋的种种实用功能，以及建筑量的多少、速度的快慢、科学技术含量的大小等等，同社会生产力、经济发展水平、科学进展程度紧密联系，也就是说同社会经济基础直接相关，它们是建筑活动的物质层面，而建筑理论、建筑思潮、设计指导思想、建筑艺术及风格等则是建筑活动的精神层面。后者虽然同生产力、科学技术、经济水平有关系，但同时又与一定时间一定地域的总的社会思想状况、文化艺术的情形、审美风尚、对待传统和习俗的一般态度等等社会上层建筑紧密相关。因而，当社会生产力发生变化以后，建筑材料、结构等建筑活动的物质层面随即出现变化，可是建筑理论、建筑艺术和风格等建筑活动的精神层面却要等到社会意识形态和整个社会上层建筑改变以后，才会发生显著的变化。一般说来，社会生产力和社会经济基础的变化走在前面，上层建筑和意识形态的改变发生在后。所以，房屋建筑业的变化同社会总的变化情形相似，材料、结构、设备等等的改革在前，建筑观念、设计思想、建筑艺术等的变化相对滞后。19 世纪的工业化带来房屋建筑的新功能、新材料和新技术，人们在采用这些物质技术的新成就时较少阻力和犹豫。但是，建筑观念和建筑艺术方面的改变和创新则不那么简单，人们头脑中原有的建筑观念很不容易褪去。建筑的

图 2.　巴黎歌剧院（刘珊珊　摄）

图 3.　华盛顿美国国会大厦（刘珊珊　摄）

新功能、新材料和新技术为建筑思想和建筑艺术的更新提供了物质基础，但是这还不够，还有待社会意识形态其他领域出现新的变化，造成一种接受和欢迎新事物的社会文化心理，这时，建筑领域的新观念和新艺术才会成熟和推广。这是一个曲折过程。

西方文化艺术的变化与新建筑运动

就在拉斯金写出我们已经引述的那段主张谨守传统反对创新的话的同时，19 世纪后期欧洲社会意识形态领域陆续出现了一些新的文化艺术思潮，纷纷向素被尊崇的传统的观念和见解提出挑战。例如，德国哲学家尼采（1844—1900）在 19 世纪末期提出"重新估价一切价值"的主张，他把矛头指向西方传统文化的基石——基督教，宣称"上帝死了"，要人们从基督教文化的束缚下解脱出来。对于西方人来说，没有了上帝，那真是什么事都可以去干了。

尼采的思想是极端的，大多数人并不跟从他，然而尼采思想的出现是一个标志，19 世纪后期还有一批离经叛道的哲学派别，这些情况表明西方文化开始脱出传统的轨道。

欧洲的文学艺术有长久的写实的传统。19 世纪 60 年代末，法国出现印象派的绘画运动，对统治欧洲艺术达数百年的清规戒律提出异议。1874 年，这个派别的画家举办独立画展，与占统治地位的法国艺术学院相抗衡，这也是一个标志，表明艺术家开始脱出传统的羁绊，另辟蹊径。印象派之后，欧洲出现更多的美术流派，人人各行其是，大胆试验，共同的特点是反对写实，作品趋于抽象。英国美学家克莱夫·贝尔（Clive

Bell，1881—1964）在 1913 年出版的《艺术论》中说美术作品再现现实，是艺术家低能的标志，真正艺术家"唯一注重的是线条、色彩以及它们之间的相互关系、用量及质量"。贝尔只注重形式本身，他宣称"有意味的形式是真正艺术的基本性质"。如果我们把 19 世纪末期西欧新派美术家的绘画和雕刻作品同传统的欧洲绘画和雕刻作品对照比较，立即可以看出它们之间差别非常之大。按传统的规矩来看，新派美术作品简直算不得美术。

文学艺术的其他门类也发生了类似的改变。进入 20 世纪之后，文学艺术在离经叛道的路途上越走越远，而接受和欣赏它们的人却越来越多。

19 世纪中期，人们使用机器，但不承认机器和机器生产的东西具有审美价值，因为大家认为只有手工制作的东西才能成为工艺品，威廉·莫里斯是这种观点的代表。他厌恶机器产品，为此他倡导工艺美术运动（The Art and Craft Movement）（图4），组织手工艺行会和作坊。但是机器产品越来越多，人们终于改变旧有观念，认识到采用机器也可能生产出有审美价值的产品，并且渐渐从审美的角度审视机器和技术本身。1904 年，法国美学家苏里奥（Paul Souriau，1852—1926）出版专著《合理的美》，指出："机器是我们艺术的一种美妙产品，人们始终没有对它的美给予正确的评价。一台机车、一辆汽车、一条轮船，直到飞行器，这是人的天才在发展。在唯美主义者们蔑视的这沉重的大块的自然力的明显成就里，与艺术大师们的一幅画或一座雕像相比，有着同样的思想智慧。一言以蔽之，合目的即真正的艺术。"

哲学是时代精神的集中体现，艺术是时代精神的花朵。新的离经叛道的哲学思想和艺术作品的出现，表明西欧许多地方的社会思潮和社会文化心理发生了剧烈的变化。

19世纪末20世纪初这次变化的最明显的特点是反传统。

1849年，拉斯金说不需要有新的建筑艺术风格，正像人们也不需要新的绘画和雕刻艺术风格一样。这句话并不错，但是，反过来，到19世纪末，当绘画和雕刻艺术的新风格已经出现时，建筑艺术新风格的出现就是顺理成章和不可避免的事情了。

从19世纪末到20世纪初第一次世界大战爆发的二三十年中，欧洲各地陆续出现了许多探寻新路、努力创新的建筑

图4. 威廉·莫里斯设计的红屋

师，有的是一两个人，有的形成团体，其中著名的有新艺术派（Art Nouveau）、维也纳的瓦格纳（Otto Wagner，1841—1918）和分离派、英国格拉斯哥的麦金托什（Charles Rennie Mackintosh，1868—1928）、西班牙巴塞罗那的高迪（Antoni Gaudi，1852—1926）、荷兰的贝尔拉格（Hendrik P. Berlage，1856—1934）、法国的佩雷（Auguste Perret，1874—1954）、意大利的未来派、德国的贝伦斯（Peter Behrens，1868—1940）（图5）及稍后的青春风格派、表现派等等。美国芝加哥市在19世纪后期经历过一个快速发展的时期，适应当时当地快速建造高层建筑的要求，一批建筑师和工程师在建筑设计中有很多创新，被称为"芝加哥学派"，沙利文（Louis Sullivan，1856—1924）（图6）是这个学派的代表人物。

这些建筑师和派别，从不同的途径和角度在建筑设计和建筑艺术方面进行创新实验，他们中的许多人同当时当地文艺界的新派有密切的联系，互相影响，互相促进，"新艺术"和"未来派"、"象征派"等原本都是包括多种艺术门类在内的新艺术潮流。19世纪末到20世纪初，这些主张创新的建筑师的活动汇合成为所谓"新建筑运动"。

图 5. 贝伦斯设计的柏林 AEG 透平机工厂

图 6. 沙利文设计的保诚大楼

现代主义建筑思潮

20 世纪前半叶发生了两次世界大战，两次世界大战之间这 20 年，西方建筑舞台上出现了有历史意义的转变，其中最重要的是现代主义建筑思潮的形成和传播。

第一次世界大战后，西欧的社会政治经济状况对建筑改革产生重要影响，一方面社会动荡促使人们容易接受新思潮和新的艺术风格；另一方面，战后初期的经济困难和严重房荒促使建筑师中的改革派面对现实，注重经济，注重实惠。这种情况在原来是工业强国，战争中被打败，战后初期遇到严重经济困难和社会危机的德国尤为突出。在那里，困难、挑战和机遇并存。建筑师格罗皮乌斯（Walter Gropius，1883—1969）于1919 年在德国魏玛创办了一所新型的设计学校——国立魏玛建筑学校（Das Staatliches Bauhaus Weimar），简称"包豪斯"（Bauhaus）。他网罗当时西欧及俄国的新潮美术家和设计家，按照新的教学计划和方式培养新型设计人才。德国另一位著名建筑师密斯·凡·德·罗（Mies van der Rohe，1886—1970）以及其他青年建筑师也积极创新，并投身于战后德国大规模的低造价住宅实践。在法国，勒·柯布西耶（Le Corbusier，1887—1965）是激进的改革派建筑师的代表。1923 年，他出版《走向新建筑》一书（*Vers une Architecture*），激烈批判因循守旧的复古主义建筑思想，主张创造表现新时代新精神的新建筑。他号召建筑师向工程师学习，从轮船、汽车和飞机等工业产品中汲取建筑创作的启示。他甚至给住宅下了一个新定义："住宅是居住的机器。"勒·柯布西耶同时非常重视建筑艺术，但当时他提倡的是一种机器美学。

新的建筑观念渐渐形成，与之相应，新的建筑风格也逐渐成型。1927年，在密斯主持下，在德国斯图加特举办了一次新型住宅展览会，各国新派建筑师展示了他们在低造价住宅方面的创新成果。1928年，来自12个国家的42名新派建筑师在瑞士集会，成立名为"国际现代建筑会议"（Congrès Internationaux d'Architecture Moderne，CIAM）的国际组织。在当时西方社会文化界总的现代主义思潮影响下，一种名为"现代主义建筑"的思潮和流派在20年代末的西欧成熟起来，并向世界其他地区扩展。

从20年代现代主义建筑许多代表人物的主张及CIAM的宣言来看，现代主义建筑在理论上有几个重要的观点：

（1）强调建筑随时代而发展变化，现代建筑要同工业社会的条件与需要相适应。

（2）号召建筑师重视建筑物的实用功能，关心有关的社会和经济问题。

（3）主张在建筑设计和建筑艺术创作中发挥现代材料、结构和新技术的特质。

（4）主张坚决抛开历史上的建筑风格和样式的束缚，按照今日的建筑逻辑（architectonic），灵活自由地进行创造性的设计与创作。

（5）主张建筑师借鉴现代造型艺术和技术美学的成就，创造工业时代的建筑新风格。

20世纪20年代到30年代初，出现了一批现代主义建筑的代表作。德国德绍市的包豪斯校舍（Dessau Bauhaus，1925—1926，建筑师格罗皮乌斯）（图7），巴黎附近的萨伏伊别墅（Villa Savoye，1928—1930，建筑师勒·柯布西耶）

（图 8），1929 年巴塞罗那博览会德国馆（German Pavillion，Barcelona Exhibition，1929，建筑师密斯）（图 9），巴黎瑞士学生宿舍（Pavillon Suisse，1930—1932，建筑师勒·柯布西耶），芬兰帕米欧疗养院（Paimio Sanatorium，1929—1933，建筑师 A. 阿尔托）（图 10），荷兰鹿特丹万勒尔烟草工厂（Van Nelle Tobacco Factory in Rotterdam，1927—1930，建筑师 J. 布林克曼与 L. C. 万德佛拉格特）（图 11）是其中比较著名的几座。

勒·柯布西耶在 20 世纪 20 年代接受立体主义美术的观点，在建筑艺术中宣扬基本几何形体的审美价值；密斯则提出"少即是多"（less is more）的主张；更早一些，奥地利建筑师路斯（A. Loos，1870—1933）提出"装饰是罪恶"的观点。此外"形式跟随功能"（form follows function）、"由内向外"（from inside out）等观念和主张对这一时期建筑师的创作都有颇大的影响。上述几座有代表性的现代主义建筑作品共同的特点，是以简单基本几何形体（立方体、圆柱体、方形、矩形、圆形等）为构图元素，墙面平滑光洁，很少或没有附加的装饰雕刻；总体多用不对称的布局，手法灵活自由，建筑师注意发挥钢结构或钢筋混凝土结构的轻巧特点，以及金属制品和大片玻璃的晶莹反光的特性，使建筑形象具有简洁明快、合理有效、清新活泼的风格。由于它们同历史上的建筑样式没有联系，从而具有鲜明的时代感，令人耳目一新。

图 7.　包豪斯校舍

图 8.　柯布西耶的萨伏伊别墅

图 9. 密斯的巴塞罗那博览会德国馆

图 10. 帕米欧疗养院

图 11. 万勒尔烟草工厂

工业化胜利的符号

1933 年，德国建立纳粹法西斯政权，希特勒采用古典建筑形象，反对现代主义新建筑，包豪斯学校遂遭解散。格罗皮乌斯、密斯等包豪斯人士移居美国。

美国原来长期盛行各式各样的仿古或半仿古建筑，19 世

纪末富有创新精神的芝加哥学派的影响在当时就不很大，不久，在强大的守旧潮流面前，自身也消散了。

当现代主义建筑思潮在西欧兴起，并开始向北欧、南美等地区扩散的时候，美国社会还以怀疑的眼光轻视之。

但是 1929 年首先在美国爆发的世界经济大萧条把美国人震出原来的生活轨道，空前的经济困窘改变了美国的社会文化心理，他们无法继续大讲排场，追求堂皇，于是以一种冷静务实的态度重新审视西欧现代主义建筑思潮。而现代建筑的设计思想和形式风格，正适合罗斯福总统新政时期由政府出资的建筑项目。

格罗皮乌斯、密斯·凡·德·罗等包豪斯人士来到美国后，在建筑院校设坛授徒，培养一代美国新派建筑师。

战争结束以后的 20 世纪五六十年代，美国是世界头号强国，技术先进，财力雄厚。美国自诩为世界民主进步的旗手，经过长时期的酝酿和转换，现代工业社会特定的社会文化心理在美国渐渐占有优势。越来越多的人相信现代化和现代文明优于往昔，文化保守主义削弱，抽象艺术和技术美学改变了人们传统的艺术和审美观念。如果说30 年代的经济大萧条使美国人的建筑观念稍有转变，那么战争结束后的五六十年代，美国的财力、物力、人力和社会文化心理，都适宜于现代主义建筑的繁衍，果然它成了战后时期现代主义建筑繁荣昌盛的地方。1955 年美国建筑师菲利普·约翰逊（Philip Johnson）说："现代建筑一年比一年更优美，我们建筑的黄金时代刚刚开始。"[1]志得意满，正是这时期情景的写照。高层商用建筑，特别是被称为摩天楼的超高层建筑，是现代美国最发达和最有代表性的建筑类型。它们的重要性和地位相当于历史上的宫殿。这种19世纪末才出现的新的建筑类型长时期都披着古装，这是那时美国保守的社会文化心理的产物。20世纪30年代初，在经济大萧条中兴建的纽约帝国州大厦（图12）、克莱斯勒大厦和洛克菲勒中心等，开始转向，装饰减少，形象趋于简洁，但仍保持砖石承重墙的外貌（实际已不承重）。但是到了50年代，美国的高层和超高层建筑形象骤然大变。1947—1953年兴建的联合国总部秘书处大楼是一个板片式房屋，两个大面从上到下全是玻璃，建筑形象与传统绝缘。就在同一时期，纽约利华公司建造的利华大厦（图13）（1951—1952年建）也是一个板片，并且更为彻底，四面全是玻璃。由此开始，美国的大财团、大公司、大银行一个接一个纷纷跟上，大造幕墙建筑。在纽约曼哈顿区，比较著名的有曼哈顿大通银行（1955—1964）、联合碳化物公司（1957）、汉诺威制造商信托公司、飞马石油公司、百事可乐公司、西格拉姆酿酒公司等。在五六十年代一个不长的时期，纽约繁华大街重要地段的大楼几乎全都换了一副面孔，街道景观大变。美国其他城市以及世界许多大城市也出现类似的变化。

　　20世纪五六十年代的幕墙建筑，在外观上，钢、铝、玻璃、搪瓷板等工业生产的材料和制品占很大的比重，并且特意显示出工业生产的特质。房屋的造型简单整齐，平屋顶、方方

1.《约翰逊著作集》，牛津大学出版社，1979年。

图 12.　帝国州大厦入口

图 13. 纽约利华大厦

图 14.　西格拉姆大厦

的轮廓，个个都是基本几何形体，墙面多为二方连续的几何格网，变化很少。

这样的造型容易使人联想起机械化大生产，联想起人对自然的进一步驾驭，联想到工业化社会的威力，这样的高层和超高层建筑是以 19 世纪末美国芝加哥学派为开端，经过二三十年代现代主义派建筑师的研讨，再与美国建造超高层建筑的实践经验汇合的产物。就当时美国和世界盛行的高层和超高层幕墙建筑的形象款式而言，建筑师密斯长期的探索起着特别重大的作用，因而被称作"密斯风格建筑"（Miesian architecture）。（图 14）

密斯风格的高层商用建筑形象，同前工业社会在手工艺基础上产生的传统建筑艺术范式形成鲜明的对比，它们是工业文明的产物，是工业化胜利的标志，是现代工业社会达到鼎盛时期的建筑艺术符号。

美国建筑家赖特的建筑创作思想

赖特（Frank Lloyd Wright，1867—1959）是 20 世纪美国最著名的建筑家。他接下芝加哥学派创新的思想，不因袭旧规，不走学院派的道路。世纪转折时期，他在芝加哥郊区设计了许多小住宅，从美国移民们建造住房的做法出发，按照地理气候条件，创造许多新的处理手法。室内空间灵活变化，外部有宽大的挑檐、连排的窗孔，突出的水平线条给人以安定舒展、宜于住居的感觉。他的早期小住宅被称为"草原式住宅"（图15）。1910 年，他的建筑作品在柏林展出，对当时欧洲新一代建筑师产生了不小的影响。

赖特不断探索，建筑风格经常有所变化，不时产生新的建筑处理方法，推出富有新意的建筑作品。1936 年他设计的流水别墅，是一座别出心裁、构思巧妙的建筑名作。这座别墅轻捷地悬伸在山林中一条小溪的小瀑布上面。钢筋混凝土的挑台左伸右突，与自然环境构成犬牙交错、互相渗透的格局。人工的建筑与优美的山林水流紧密结合，互相映衬，构思之精美达到了前所未有的一种奇妙境界。这座别墅建筑被认为是 20 世纪建筑艺术中第一流作品之一。

1938 年，赖特在美国西部亚利桑那州的一片沙荒地带建造一处冬季用的居住和工作基地，称为"西塔利辛"（图 16）。那是一片散开的单层建筑群，有工作室、作坊、起居室、文娱室以及赖特自己和追随者的住所等。该地气候温暖，雨水稀少，树木也不茂盛。赖特用当地的石块和水泥筑成墙体，上面用木料和帆布等建造房顶，有的地方如地堡，有的地方如帐篷，可以灵活改动。建筑就地取材，因地制宜，野趣盎然，极富新意。（图 17）

1959 年落成的纽约古根海姆美术馆又是一个打破常规的奇特建筑。它的主体是一个上大下小螺旋形的建筑，展品就陈列在盘旋而上的平缓坡道上。（图 18）

赖特一生从事建筑创作，作品极丰，他的创作特点是不倦地创新，然而走的是一条与欧洲现代主义建筑师很不一样的道路。

欧洲现代主义建筑的代表人物强调建筑要适应工业化社会的条件，并且在艺术上体现现代文明。他们的出发点和基础是工业和据认为是与历史传统无关的全新的现代文明。

赖特虽身处工业发达的美国，但是他的思想情趣的主导方面，并不在 20 世纪美国工业社会，相反，对于工业和现代城市文明还相当反感，他不愿意住在美国的大城市，他曾经主张把美国首都迁到密西西比河中游地区，反对将联合国总部设在纽约，而应该建在人烟稀少的草原上。他提出的城市规划理想是城市居民每人拥有 1 英亩（约等于 0.4 公顷）土地从事农业生产。他的祖辈在威斯康星州的山谷中务农，他在农庄中长大，自幼对土地、对农业、对自然怀有深厚的感情。所以，他的建筑创作思想强调建筑与自然界结合，房屋本身也应是自然的、有机的，而非机械的。他称自己的建筑创作思想是"有机建筑论"，房屋应该是"地面上一个基本的和谐的要素，从属于自然环境，从地里长出来，迎着太阳"。有机建筑是"对任务和地点的性质、材料的性质和所服务的人都真实的建筑"，就是"自然的建筑"（a natural architecture）。

勒·柯布西耶在《走向新建筑》中认为，"住宅是居住的机器"。赖特对此深恶痛绝，他讥讽道："好，现在椅子成了坐的机器，住宅是住的机器，人体是意志控制的工作机器，树木是出产水果的机器，植物是开花结子的机器，我还可以说，人心就是一个血泵，这不叫人骇怪吗！"

由此，我们可以知道，赖特与勒·柯布西耶、密斯等人的建筑创作思想的重大差异和对立。赖特虽然生活在 20 世纪的美国，但他的思想脱不开农业的美国、早期移民的美国、惠特曼和马克·吐温的美国。密斯的钢与玻璃的建筑艺术能够在 20 世纪中期的美国风行一时，赖特的建筑作品除了古根海姆美术馆很少出现在美国大城市中，这不是偶然的。

但是，赖特的许多建筑作品却是深受人们喜爱、有长久魅力的建筑艺术珍品。人对建筑的需要是多样的、多方面的，现

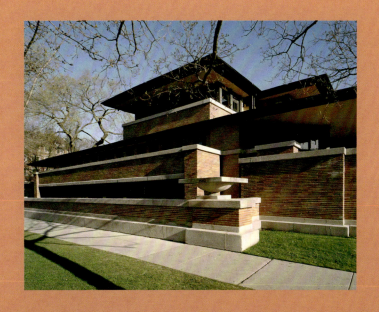

图 15. 赖特设计的"草原式住宅":罗比之家

图 16. 西塔利辛

图 17.　西塔里埃森内景

代社会对建筑的需要更是多方面与多层次的，这些需求会不断改变，各种需求本身还有可能是对立的。因为社会的物质需求和社会文化心理以及社会审美意识本身就是这样的。

用钢和玻璃建造的密斯风格的高楼大厦受到许多人的赞赏，但是用木料、粗石和帆布建造的西塔利辛的粗犷的建筑同样也有人喜爱，还有许多人兼爱两者。试想，20 世纪如果只有密斯而无赖特，或者只有赖特而不见密斯，岂不都是一种憾事吗？

现在，人们可以在城市中密斯风格的玻璃大楼里上班，然后在郊区赖特风格的住宅中休息，生活因此而丰富多趣，岂不善哉？

现代主义建筑重在体现工业社会特有的价值观，赖特则在工业时代坚持人本主义的价值观，这是他的作品受人喜爱的底蕴。

图 18.　赖特的古根海姆美术馆

多样发展

前面谈到，密斯的现代主义建筑和赖特的有机建筑都是有价值、有社会需要的建筑流派。实际上，世界上并没有一种建筑理论是放之四海而皆准的，没有一种设计和创作方法能够包打天下，更没有一种建筑艺术样式和风格具有永恒的魅力并获得所有人的青睐。建筑和建筑艺术向来是多样并存，只不过在一定时期、一定地区，在某些建筑类型上，一种或几种建筑样式和风格比较流行，一种或几种建筑理论在一定时空内得到比较多的认同，成为当时的显学。过去是这样，而在现代，由于交通信息的发达，多样并存的现象，比以前更加显著，嬗变更迭的速度也越来越快。

现代主义建筑兴盛之时，接受现代主义建筑原则的建筑师们，在思想上和创作手法上都显示出分化和多样发展的趋势。

澳大利亚的悉尼歌剧院（图 19）是 20 世纪中期建成的一座著名的演出建筑。它的形状与历来的一切剧院都不同。它坐落在悉尼市海边一块突出地块上，最引人注目的是几簇伸向天空的白色壳片。观众厅、舞台等隐藏在壳片的下边。巨大的壳片不是功能需要的，也不是结构决定的。丹麦建筑师乌松（Jørn Utzon，1918—2008）的出发点在于造型的雕塑感和象征性。远看过去，那些高耸的壳片如同在海上行驶的老式船只的风帆，而悉尼市正是历史上白人首次登陆澳洲的地点，这个建筑形象多少带有隐喻性。同时那些白色壳片还会叫人联想到盛开的白色花朵，海滩上洁白的贝壳等等。这是较早地突破正

图 19. 悉尼歌剧院

统现代主义建筑"形式跟从功能"信条的一座优美的建筑作品。

在 20 世纪五六十年代，有少数建筑师提倡将现代建筑与古典建筑加以融合，这一趋向被称为 20 世纪的新古典主义建筑。美国建筑师斯东（Edward D. Stone，1902—1978）和雅马萨奇（Minoru Yamasaki，1912—1986）是著名的代表人物。斯东设计的华盛顿肯尼迪表演艺术中心将希腊罗马的古典建筑形制与现代演出建筑结合起来（图 20）。雅马萨奇是日裔美国人，他注意吸收东方传统建筑的某些特征用于现代建筑设计中，如运用架在水池上的长廊和金色的圆穹顶，使建筑物带上明显的东方色彩。他设计的沙特阿拉伯达兰机场候机室，使用预制钢筋混凝土板壳结构，但拱券的线条及墙面纹饰经巧妙的处理，使这座现代建筑具有浓厚的阿拉伯情调。

在千姿百态的建筑形象中，还有一种被称为高技术派（High Tech）的建筑风格。巴黎蓬皮杜文化与艺术中心（R. 皮亚诺、R. 罗杰斯）、香港汇丰银行大厦（N. 福斯特）（图21）及伦敦劳埃德大厦（R. 罗杰斯）（图22）都是高技术派建筑风格的代表作。它们共同的特点是充分袒露结构，暴露多种机电设备的本来形状。人们在这类建筑的内外，看到巨大的梁柱和桁架、裸置的升降机、不加掩盖的多种管道线缆。这种做法可能在一定程度上方便检查维修，增添改造变动的灵活性，从而提高使用效率，但实际上设计者的出发点主要还不是功能性或经济上的考虑，更多的出于一种美学考虑，它的基础是机器美学或技术美学。

最令人惊异的是，20世纪20年代现代主义建筑的旗手勒·柯布西耶建筑创作方向的改变。

20世纪50年代初，勒·柯布西耶一反他在《走向新建筑》中倡导的理性主义观点，创作了一批被称为"野性主义"的建筑，其中最著名的是在法国孚日山区的一个小天主教堂——朗香教堂。它坐落在一个小山头上，周围是群山和河谷，原有的天主教徒进香的小教堂毁了。勒·柯布西耶没有考虑传统的天主教堂的形式，也没有做一个现代化的教堂，而是做出一个难以形容的奇怪的形体。它的平面就很特别，而墙体几乎全部是弯曲的，有一面还是倾斜的，上面开着大小不一的沉陷的窗洞。小教堂有一个翻起的大屋顶，檐部如船帮或蛇腹。建筑的立面各不相同，从一个立面难以推想出其他立面的模样。教堂内部空间不大，墙体与屋顶之间留有缝隙，内部光线幽暗。它既带有法国南部地中海沿岸乡土建筑的某些特色，又具有原始人住居的粗犷性格，再融入现代神秘主义的情调，如此等等。

图 20. 斯东设计的肯尼迪表演艺术中心（刘珊珊 摄）

图 21. 香港汇丰银行大厦

图 22. 伦敦劳埃德大厦

可以说，现代主义建筑如同一条河，20世纪二三十年代，它在崎岖的山谷中奔流，河道狭窄明确；五六十年代，它冲入平原，场面一大，就出现大大小小的分支，流向不再一致，有的还往回走一程。

后现代主义建筑

在现代主义建筑鼎盛之际，对它的批评和指责也开始增多。从60年代起，世界各地陆续出现新的创作倾向和流派。在理论上，批判20年代正统现代主义，指责它割断历史，重视技术，忽视人的感情需要，忽视新建筑与原有环境文脉的配合。在建筑形式上，新流派努力突破"国际式"风格的局限。进入70年代，世界建筑舞台呈现出新的多元化局面，至80年代，其中最有影响的是"后现代主义建筑"（Post Modern Architecture）。

如果说1923年勒·柯布西耶的《走向新建筑》是现代主义建筑思潮的经典著作，那么美国建筑师文丘里（R. Venturi，1925—2018）1966年的著作《建筑的复杂性与矛盾性》（*The Complexity and Contradiction in Architecture*），便是后现代主义建筑思潮的宣言书。

文丘里认为，"建筑师再也不能被正统现代主义的清教徒式的道德说教吓服了"。他明确提出一系列与正统现代主义建筑艺术观点截然不同的建筑创作主张。文丘里针对现代主义建筑师密斯的名言"少即是多"，提出"少不是多"，并且说"少即枯燥"。

文丘里认为应该打破常规，在同一座建筑上可以同时采用不同的比例、不同的尺度、不一致的方向感以及不协调的韵律。他主张让对立的、互不相容的建筑元件在同一建筑物上并置或重叠在一起，不分主次地二元并列和矛盾共处。

现代主义建筑思潮激烈地排斥建筑遗产和传统。与此相反，文丘里强调建筑遗产和传统的重要性。他说建筑师应该是"保持传统的专家"。不过，他推崇"通过非传统的方法组合传统部件"，并非要建筑师严守建筑传统。文丘里认为一座建筑物允许在设计上和形式上"不完善"，可以搞"平庸的和丑的建筑"。

有人认为后现代主义建筑的特征是采用装饰，注意环境文脉（context），讲究隐喻，这仅仅指出后现代主义建筑表层的而非专有的特征。真正重要的还是文丘里所表述的一种建筑美学观念，即在建筑艺术中追求复杂性和矛盾性，而且与古典的建筑美学观念相违背；完整、统一、和谐不再被当作艺术创作的最高原则和目标；反之，不完整、不统一、不和谐受到了推崇。这样，建筑的美学范畴扩大了，建筑艺术的路径更加广宽多样了。

后现代主义建筑的具体表现是多种多样的。美国建筑师格雷夫斯（Michael Graves）设计的俄勒冈州波特兰市政大楼（图23）、英国建筑师斯特林（James Stirling）设计的德国斯图加特市国立美术馆新馆是两座有代表性的后现代主义建筑的例子。1987年柏林国际建筑展中的一批建筑物是后现代主义建筑的集中表现，它们与1927年斯图加特住宅展览会恰成对照。

20世纪前期的现代主义建筑代表人物曾对建筑的实用功能、技术、经济、艺术以及社会作用做了全面的探讨，提出了

图 23.　波特兰市政府新楼入口

一整套改革和创新的见解。相比之下，后现代主义建筑思潮的倡导者主要关心形式和艺术方面。现代主义思潮的出现是人类建筑史上一次全面剧烈的革命性变化的产物，而后现代主义只是现代建筑在形式和艺术风格方面的一次演变。后现代主义建筑的出现并不意味着现代主义建筑的"消亡"。现在看来，可以认为后现代主义建筑也是对 20 世纪 20 年代现代主义建筑的部分修正和扩充，是现代主义建筑多样发展的又一种表现。第一次世界大战之后和 1929 年开始的世界经济危机时期，物质生活匮乏，人们对现代化充满希望。建筑事业同科学技术紧密相关，建筑师仍持有浓厚的理性主义观点。这是建筑中的现代主义思潮与文学艺术等门类中的现代主义流派不同的地方。六七十年代以后，西方发达国家经济高度发展，物质丰裕了，房荒问题相对解决了。然而，人们感受到工业高度发展带来的负面效果：环境危机、资源危机、生态危机、社会危机、信仰危机等，反倒使人们在物质丰裕时期产生了新的危机感，社会文化心理随之发生新的重大转变。在建筑艺术方面，人们的精神要求和审美观念自然和 50 年代大不相同，这是后现代主义建筑产生的社会根源和思想根源。

关于"解构主义"建筑

　　20世纪80年代后期，西方建筑舞台上出现一个新的名目：解构主义建筑（Deconstructivism Architecture，简称为Decon Architecture）。有人认为20世纪建筑界有3次浪潮：第一次是现代主义建筑，第二次是后现代主义建筑，第三次就是解构主义建筑[1]。

　　为什么叫"解构主义建筑"？这是因为60年代法国一些哲学家提出了名为解构主义的哲学思想。解构主义把矛头指向此前在西方影响很大的结构主义哲学（structuralism）。结构主义哲学所谓结构，是确定的统一的整体（《中国大百科全书·哲学卷》，第358页）。解构主义认为结构不断变化，没有静止的固定结构。解构主义不但反驳20世纪的结构主义哲学，而且把矛头指向自柏拉图以来的欧洲理性主义思想传统，认为所有的既定界限、概念、等级都应该推翻，并且进一步从根本上反对人们原来对语言的看法，认为语言并不能呈现人的思想感情或描绘现实，语言只不过是从能指到所指的游戏。

　　解构主义思想有很大的冲击力和启发性，对西方许多学术领域产生不小的影响，许多原来的结构主义学者变成了结构主义即解构主义者，形成一股解构风。很自然地，这股风也吹到了建筑界。

　　什么是解构主义建筑的原则和特征，至今仍无公认的看法，有的见解虚玄深奥，非常难懂。美国建筑师埃森曼（Peter

---

1 美国建筑师学会刊物《建筑》，1988年6月号，编者的话。

图 24.　拉维莱特公园中的装置艺术

图 25. 斯图加特大学太阳能研究所

Eisenman）的俄亥俄州立大学艺术中心、瑞士建筑师屈米（Bernard Tschumi）的巴黎拉维莱特公园（图24）和德国建筑师贝尼希（Günter Behnisch）的斯图加特大学太阳能研究所（图25），现在比较多地被认为是解构主义建筑的例子。我们从这几座以及其他的解构主义建筑中看到的最突出之点，是建筑师极度地采用歪扭、错位、变形的手法，使建筑物显出偶然、无序、奇险、松散，似乎已经失稳的态势。这种"解构"式的处理不可能行之于真正的房屋结构之中，不可能行之于房屋设备的机器管线部分，也不可能把建筑物起码的实用功能消解掉，这种建筑的真正结构还是牢固的，水管并未破裂，空调仍起作用，房间依然可住可用。所以那些"解构"式的处理涉及的基本上是形式（即模样）的问题。在建筑中，被解构的非工程结构之构，实乃建筑构图之构。

房屋是器，哲学是道，器与道有关系，但两者的关系是多层次的、复杂的、曲折的，并且是各式各样的。一般说来，建筑不能直接表达某种哲学的观点，而是经过一些中介因素间接地传达出一种哲学观的影响，经常起作用的、重要的中介因素之一是美学观念。一种哲学观（宇宙观、世界观、人生观）影响和改变人的审美观念，改变了的审美观念又影响和改变人关于形式的观念，即改变人心目中理想的形式和期望的形象。艺术家和建筑师便努力去探寻能够体现新的审美观念，从而使人感到有意味的形式，新的"有意味的形式"和有意味的建筑于是被创造出来。它们是改变了的审美情趣外化的结果。解构主义建筑进一步突破传统建筑的形式禁忌，完全拒绝传统建筑艺术所强调的完整统一、整齐规则、严谨有序等构图章法，尝试塑造一种前所未见的建筑形象。其中显示的叛逆性及异端精神，同颠覆西方传统文化的解构主义哲学观是相通的。

重要的不是名称而是实质，从一种哲学思潮引来的"解构主义"名称可能消失，而以松散、错位、偶然、无序、奇险为特征的建筑风格，则会渗透进更多的建筑作品中去，为更多的人所接受。

现代与传统结合的多种途径

20世纪，完全按历史的样式造房屋和完全甩掉旧有样式两种做法都存在着，但是最多的还是既有传统又有创新的结合或折中的做法。一方面，大多数房屋既有砖木，又用钢和水泥，新旧材料、新旧技术混合使用；在功能上，也是新中有旧，旧中有新，因为新的建筑绝大多数还是从历史发展演变而来，全新全旧都是极少数。另一方面，人的思想感情更是多样复杂，对于建筑艺术和形式的需要也是如此。在一段时间中，趋新或趋旧可能是社会思想的主导潮流，但更多的时间，更多的人是喜新又不完全厌旧，所谓"不薄今人爱古人"。他们愿意看见新中有旧，旧中有新，既觉新颖又不感陌生的建筑形象。

新的建筑形象能体现改革、开放、发展、进步的信念和成就；而本民族特有的传统建筑形式能传达出民族历史文化的特质和民族自豪感；而且，历史形成的建筑艺术经过千百年的锤炼提高，凝聚着无数人的聪明智慧，尽管不可能时时处处受一切人的认同和喜爱，但终究具有比较成熟的艺术典范性质，至今仍是创作严肃的纪念性建筑时可以借鉴的内容。

不走极端，而将新旧两种建筑样式的成分和特征结合使用，新和旧的比重可以千差万别，视建筑物性质、财力和环境条件而定，这也是一种创造和创新。

在某种意义上，后现代主义建筑也是一种新与旧的汇合，不过它们是在歪扭古典建筑构图原则的思想下使用传统建筑的片断，可看作是一种特殊的新旧结合的做法。我们此处讨论的是比较正常的符合古典精神的新旧结合的建筑，它们在世界各地大量存在，并且始终不断地出现。芬兰著名建筑师伊里·沙里宁（Eliel Saarinen，1873—1950）设计的赫尔辛基中央火车站（1916年落成）是20世纪初期的一个例子（图26），日本建筑家丹下健三的作品——日本香川县厅舍（图27）是20世纪中期的例子，美国建筑师雅马萨奇和斯东于五六十年代也努力将传统与现代结合。澳大利亚新议会大厦（1988年落成）则是晚近的一个著名例子。

随着第三世界民族文化意识的兴起，出现了将本民族建筑传统与现代建筑结合的潮流。阿加汗基金会特意设立阿加汗建筑奖（Aga Khan Award for Architecture），鼓励伊斯兰建筑文化与现代建筑结合，是这种努力的一个例子。20世纪80年代建成的沙特阿拉伯利雅德国际机场和印度新德里大同教礼拜堂，是亚洲地区最近出现的传统与现代结合的著名实例。

中国建筑师长期探索将中国传统建筑文化与现代建筑结合的途径。1929年建成的南京中山陵是中国建筑现代化与民族化结合的起点。从平面规划布局到建筑细节，都表现出中国特色，反映着中国人民民族意识的新觉醒。设计者吕彦直是中国最早到国外留学的建筑师之一。1959年，在中华人民共和国成立10周年之际，北京古老的皇城入口天安门前建成新的天安门广场，广场两侧有人民大会堂和中国革命历史博物馆两座新型建筑物，它们都没有采用传统的中国大屋顶，却具有鲜明

图 26.　沙里宁设计的赫尔辛基中央火车站

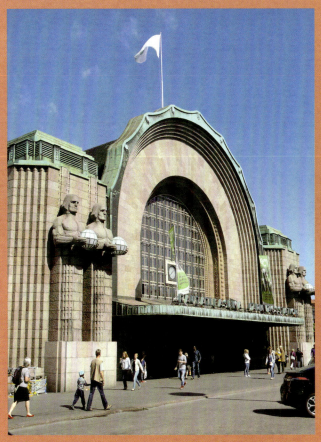

图 27. 日本香川县厅舍

的中国特色，体现了现代建筑与中国传统特色的成功结合。

事实表明，建筑的现代化同民族性和地域性并不是完全对立的。在克服现代化即西方化的认识偏见之后，各国人民都能创造出自己独具特色的现代建筑。传统与现代化结合，愈来愈成为世界各国大多数建筑师的共识。

结束语

20世纪是建筑历史上前所未有的活跃时期。由于快速发展演变，许多建筑现象显示得比较清楚，过程比较完整，由此改变了先前的许多认识。例如，在建筑演变缓慢的时期，人们产生"永恒的建筑"的概念，现在大家在建筑中几乎看不到什么永恒的东西了。

20世纪建筑各领域可以概括为5方面的大变化。单就建筑艺术来看，可以说20世纪前期出现的是历史性、革命性的变化，20世纪后期出现的是修正性的变化。20世纪前中期，建筑艺术的时代感和现代感是一致的，到后期，建筑的时代感与现代感不完全一致了。这是就大局和主流而言，大局中有小局，主流之外有支流，五花八门，不胜枚举。

总之，20世纪的建筑艺术可以说是：

百家争鸣，百花争妍；

奇峰迭起，曲折辉煌；

综合流行，多元共生。

这里提到"曲折""共生"，是因为艺术与科学技术不同。在科学和技术领域，一般是后来居上，新的淘汰旧的。但是与人的思想、心理、情趣联系着的建筑艺术，就不是这样简单明确了。新的可能压过旧的，但有时又会出现反复，还可能"返祖"。艺术上的新旧关系，与其说是"取代"，莫如说是"层积"，愈积愈丰，品类愈多，历史上那种单一样式控制局面的情况不大可能了。

20 世纪，建筑创作摆脱"祖宗之制不可改"的陈规，建筑师标新立异的举动蔚然成风。

20 世纪的建筑艺术繁荣表明物质财富是基础，社会文化心理为引导，思想约束减轻，主体性增强，加上市场机制的推动，建筑师的创造力便可充分发挥出来。

20 世纪这一百年进展空前但非绝后，而 21 世纪将带来建筑事业的更大发展，这是没有疑问的。

（本文是为《20 世纪西方建筑名作》所写的"概说"，河南科学技术出版社，1996，有删改）

近代结构科学的兴起

一、经验的阶段

古代人在建造房屋的实践中，很早就发展出多种多样的结构形式。梁、柱、拱券、悬索、穹顶、木屋架、木框架等都有数千年的历史，由此构成的许多古代宏伟建筑物，至今还使我们惊叹不已。

在实践中人们逐步积累了关于力学和结构的初步知识。春秋战国时期墨翟（公元前479—公元前403）学派的《墨经》中，有关力、杠杆、二力平衡、绳索以及物体运动的描述，可能是世界上关于力学的最早资料。在欧洲，晚于墨翟100多年的希腊学者阿基米德（公元前287—公元前212），也对当时的力学经验做过初步的概括。

可是，在封建社会时期，无论是中国还是外国，力学和结构同其他科学一样，长期处于停滞状态。在欧洲，从阿基米德到中世纪末的1000多年中，这方面几乎没有什么重要的进展。在中国长期封建社会中，在工程方面，虽然有许多发明创造，但是力学和结构的知识始终停顿在宏观经验阶段，没有上升为系统的科学理论。

在这种状况下，无论中国或外国，封建社会的工匠们在工作中一般只能按照经验或宏观的感性判断办事。一些工程做法、构件尺寸等大都以文字或数字的规定表现出来。例如中国宋代的《营造法式》和清代的工部《工程做法则例》就是这样的。在外国，15世纪意大利阿尔伯蒂（Alberti，1404—1472）（图1）的著作中关于拱桥的做法规定如下：拱券净跨应大于4倍、

图1. 阿尔伯蒂设计的新圣母大殿

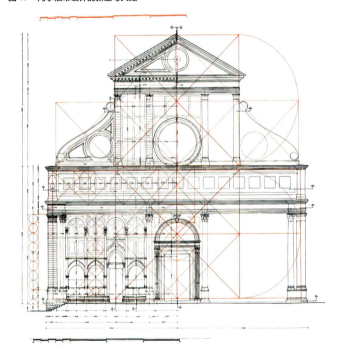

小于 6 倍桥墩的宽度，桥墩宽度应为桥高的 1/4，石券厚度应不小于跨度的 1/10。这一类的法则和规定可能是符合力学原理的，但即使这样，它们也不是具体分析和计算的结果，而是某种规范化的经验。古代建筑著作中关于结构和构造的论述，即所谓"法式制度"，其大部分内容都不外乎是这类规范化的经验。建筑经验愈是规范化，便愈不容易被突破，它们成为一种传统，在一定程度上，束缚了建筑和工程中的革新发展。另一方面，基于宏观的感性经验而得出的结构和构造，一般截面偏大，用料偏多，安全系数很高。古代许多建筑物能够保留至今，原因之一，就是其结构有很大的强度储备。

对工程结构进行科学的分析和必要的计算，是相当晚才出现的。它是在资本主义生产方式出现以后，经过几百年逐步发展起来的。

二、近代力学的发展

恩格斯写道："现代自然科学同古代人的天才的自然哲学的直观相反，同阿拉伯人的非常重要的，但是零散的并且大部分已经无结果地消失了的发展相反，它唯一达到科学的、系统的和全面的发展——现代自然科学，和整个近代史一样，是从这样一个伟大的时代算起。这是从 15 世纪下半叶开始的时代。"

15 世纪后半叶，资本主义生产关系首先在欧洲一些地方开始萌芽。随着工场手工业和商业贸易的发展，新兴的资产阶级为摆脱教会的神权统治进行着斗争，科学在同神学束缚的斗争中开始发展。"随着中等阶级的兴起，科学也大大地复兴了，天文学、机械学、物理学、解剖学和生理学的研究又重新进行起来。资产阶级为了发展它的工业生产，需要有探察自然物体的物理特性和自然力的活动方式的科学。而在此以前，科学只是教会的恭顺的婢女，它不得超越宗教信仰所规定的界限，因此根本不是科学，现在科学起来反叛教会了；资产阶级没有科学是不行的，所以也不得不参加这一反叛。"

对工程结构进行分析和计算，依赖于力学的发展。15 世纪以后，在自然科学发展的最初一个时期，力学就开始迅速发展，如恩格斯指出的，那时"占首要地位的，必然是最基本的自然科学，即关于地球上物体的和天体的力学，和它同时并且为它服务的，是数学方法的发现和完善化。这里有了一些伟大的成就"。资本主义生产关系最先在意大利、荷兰，随后在英国、法国等西欧国家出现和发展起来。因之，很自然地在这些国家里，先后出现了一些对力学科学最早做出贡献的科学家。

15 世纪末，意大利艺术家、工程师达·芬奇（Leonardo da Vinci, 1452—1519）曾探索过一些与工程有关的力学问题：起重机具的滑轮和杠杆系统，梁的强度等问题（图 2）。从他的笔记中知道，他已有了力的平行四边形和拱的推力的正确概念；指出梁的强度与其长度成反比，与宽度成正比，离支点最远处弯曲最大。达·芬奇还做了一些试验，研究"各种不同长度铁丝的强度"等等。他写道："力学是数学的乐园，因为我们在这里获得了数学的果实。"他是最先应用数学方法分析力学问题，并通过实验决定材料强度的人之一。

1492 年哥伦布到达美洲，1519—1522 年麦哲伦做环球航行，世界新航路的发现，给欧洲新兴资产阶级开辟了新的侵略扩张场所。16 世纪后半叶，欧洲一些国家的商业、工业和航海业空前高涨，对科学技术提出许多迫切要求。建造更大吨位

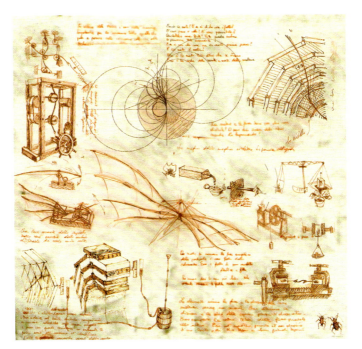

图2. 达·芬奇绘制的工程图

的海船、修建大型水利工程等，需要改进船体和工程的结构。解决这些新的技术问题，不能单纯抄袭已有船只和照搬传统的工程做法，必须研究事物本身的规律性。在工程结构方面，就提出了研究构件的形状尺寸与荷载之间的关系问题，以便尽可能准确地预先估计结构强度与可靠性。

意大利科学家伽利略（Galileo Galilei，1564—1642）适应当时生产的实际需要，首先做出重要的贡献。

伽利略在观测与实验的基础上进行理论研究。他曾在意大利比萨城的斜塔上做过著名的落体实验，推翻了亚里士多德的错误见解。他发现抛射体的轨道是抛物线，建立了落体定律、惯性定律等，奠定了动力学的基础。

1638 年伽利略出版《关于两种新科学——力学和局部运动的论述与数学证明》，书中从参观威尼斯一个兵工厂所做的观察谈起，论证构件形状、大小和强度的关系。他最先把梁抵抗弯曲的问题作为力学问题，通过实验和理论分析，研究杆件尺寸与所能承受的荷载之间的关系。伽利略的这一著作是材料力学领域第一本科学著作，标志着用力学方法解决简单构件计算问题的开端。

伽利略是从刚体力学的观点研究梁的弯曲，当时还不知道力与变形之间的关系。1678 年，英国皇家学会试验室主任胡克（Robert Hooke，1635—1703）根据用弹簧所做的试验，提出著名的胡克定律，奠定弹性体静力学的基础。

英国科学家牛顿（Isaac Newton，1642—1727），在总结前人成就的基础上，通过观察、实验和理论研究，解决了许多重要的力学和数学问题，为古典力学建立了完备的基础。

恩格斯在讲到力学和数学等基本自然科学的早期发展时写道："在以牛顿和林耐为标志的这一时期末，我们见到这些科学部门已经在某种程度上完成了。最重要的数学方法基本上被确定了；主要由笛卡尔制定了解析几何，由耐普尔制定了对数，由莱布尼茨，也许还有牛顿制定了微积分。刚体力学也是一样，它的主要规律彻底弄清楚了。"

17 世纪后期，牛顿和德国的莱布尼茨几乎同时创立了微积分的基础，以后经过逐步完善，成为科学研究中新的有力的数学工具。微积分及其他数学方法的发展，促使力学在 18 世纪沿着数学解析的途径进一步发展起来。

瑞士人约翰·伯努利（Johann Bernoulli，1667—1748）以普遍的形式表述了虚位移原理。雅各布·伯努利（Jacob Bernoulli，1654—1705）提出梁变形时的平截面假定。瑞士人欧拉（Leonhard Euler，1707—1783）在力学方面做了大量工作，建立了梁的弹性曲线理论、压杆的稳定理论等。意大利人拉格朗日（Joseph-Louis Lagrange，1736—1813）提出广义力和广义坐标的概念，等等。这些人本身都是卓越的数学家，他们从数理分析的途径研究力学问题，建立了许多重要的力学普遍原理，丰富和深化了力学内容。

虽然力学本身有了重要的进展，不过，在 18 世纪前期，建筑工程仍像先前一样，照传统经验办事。原因是多方面的，首先是力学科学本身还没有成熟到足以解决复杂的实际工程结构问题；其次，在 17、18 世纪，从牛顿到拉格朗日，力学家们对于工程问题很少注意，他们的著作都不涉及结构强度问题；最后，也是最重要的，工业革命之前，房屋建筑本身没有进行结构计算的实际需要，只是在极为特殊的场合才感到计算的必要，1742 年罗马圣彼得教堂圆顶的修缮就是一个例子。

三、房屋结构计算的初次尝试

罗马教廷的圣彼得教堂是世界最大的教堂，1506 年开始设计，1626 年最后竣工。它的主要圆顶直径为 41.9 米，内部顶点距地面 111 米，圆顶由双层砖砌拱壳组成，底边厚约 3 米（图 3）。庞大沉重的圆顶由 4 个墩座支承着，圆顶建于 1585—1590 年。建筑师米开朗琪罗（Michelangelo，1475—1564）当年设计这个圆顶时，主要着眼于建筑艺术构图。圆顶的结构、

图 3.　圣彼得大教堂的拱顶（刘珊珊 摄）

构造和尺寸全凭经验估定。建成不久，圆顶开始出现裂缝，到
18 世纪，裂缝日益明显。当时人们对于裂缝产生的原因议论
纷纷，莫衷一是。1742 年教皇下令查清裂缝原因，决定补救
办法。

　　对于一般房屋，依靠直观和经验就能决定修缮方案。对于

圣彼得教堂这样复杂巨大而特殊重要的建筑物来说，不得不做深入的分析研究。这时，法国资产阶级启蒙思想家的机械唯物论的哲学思想已经传播开来。在这种思想支配之下，"一切都必须在理性的法庭面前为自己的存在做辩护或者放弃存在的权利。思维着的悟性成了衡量一切的唯一尺度"。在这种思想背景下，3 位数学家（Le Seur、Jacguier、Boscowich）被召来研究圆顶的破坏原因。他们先对建筑物的现状做了详尽的测绘，对裂缝做了多次不同时间的观察，从而否定了裂缝产生于基础沉陷和柱墩截面尺寸不足的猜测。他们的结论是圆顶上原有的铁箍松弛，不足以抵抗圆顶的水平推力。3 个数学家进而计算圆顶的推力。按照他们的计算结果，圆顶上有 320 万罗马磅（约 1100 吨）的推力还没有得到平衡，他们建议在圆顶上增设铁箍。

这个时期，人们对于在工程技术中利用数学工具还很陌生，对于这样的新事物甚至抱有反感。数学家们的报告发表以后引起了一阵怀疑和非难之声。有人说："米开朗琪罗不懂数学，不是造出了这个圆顶嘛！""没有数学，没有这种力学，建成了圣彼得教堂，不用数学家和数学，肯定就能把它修复！""如果还有 320 万磅的差额，圆顶根本就盖不起来，上帝否定这个计算的正确性"，等等。

怀疑和非难如此强烈，于是又请来著名的工程师兼教授波莱尼（Giovanni Poleni，1683—1761）再做研究。他说：按 3 个数学家的计算，整个圆顶连柱墩和扶壁都要翻动了，而这是不可能的。他认为裂缝产生于地震、雷击等外力的作用和圆顶砌筑质量不佳、质量传递不均匀等原因。但结论仍是增设铁箍。1744 年圆顶上增设了 5 道铁箍。

当时拱的理论还没有成熟，计算变形的方法还很原始，实际上尚不具备正确分析圆顶破坏原因的理论基础，那 3 位数学家的计算建立在错误的假设之上，不符合实际情况。尽管这样，他们的工作在建筑史上是有意义的。解决工程问题不再唯一地依靠经验和感觉了。用力学知识加以分析，通过定量计算决定构件的大小尺寸的尝试已经开始，这是对传统建筑设计方法的一次突破。16 世纪文艺复兴时期由建筑师按艺术构图需要决定的教堂圆顶，到了 18 世纪，受到用力学和数学知识武装起来的科学家的检验。这件事本身就预示着建筑业不久将出现重大变革。

圣彼得教堂的穹顶是在建成 150 年后才加以力学分析和计算。不久以后，巴黎建造另一座教堂时就前进了一步，在建造过程中，引入对结构的科学实验和分析计算。

1757 年，法国建筑师苏夫洛（Jacques-Germain Soufflot，1713—1780）在设计圣日内维埃教堂时（Sainte Genevieve，又名 Panthéon，万神庙）（图 4）把穹顶安放在

4 个截面比较细小的柱墩上，这个方案引起了争论。为判断柱墩截面是否适当，需要了解石料的抗压强度。工程师高随（Émiland Gauthey，1732—1806）为此专门设计了一种材料试验机械，对各种石料样品做了试验，结论是柱墩截面已经够用，甚至还能支承更大的穹顶。高随把他的试验数据同一些现有建筑物中石料承受的压力相比较，发现现有的石造房屋的安全系数一般不小于 10。但是，圣日内维埃教堂建成时，在拆除脚手架之后，立即发现了明显的裂缝。高随对此又做了深入的调查，并第一次对灰浆做了压力实验，结果证明裂缝是因施工质量不佳，降低了砌体强度所引起的。这座教堂的石墙上使用了铁箍和铁锔。高随对用铁条加固的石砌过梁做了受弯试验。在房屋的设计阶段科学实验开始发挥作用。这也表明，重大的建筑工程需要由建筑师同工程师配合来完成。

不过，这种必要性要为多数人所认识还得一个过程。直到19 世纪初，还有人公开对建筑与科学的结合大泼凉水。1805 年巴黎公共工程委员会的一个建筑师宣称："在建筑领域中，对于确定房屋的坚固性来说，那些复杂的计算、符号和代数的纠缠，什么乘方、平方根、指数、系数，全部没有必要！"1822 年英国一位木工出身的工程师甚至说："建筑的坚固性同建造者的科学性成反比！"

传统和习惯势力是顽固的。可是，尽管"传统是一种巨大阻力，是历史的惰性力，但是由于它只是消极的，所以一定要被摧毁"。

图 4. 圣日内维埃教堂（刘珊珊 摄）

四、工业革命与结构科学

18 世纪后期，英国首先开始工业革命，到 19 世纪，工业革命浪潮遍及资本主义各国。前一时期，力学及其他自然科学由于工场手工业的需要而得到发展，反过来又为建立机器工业做了准备。工业革命后，机器生产及各种工程建设，要求把科学成果广泛应用于实际生产之中，同时提出了大量的新的课题，促使力学及其他自然科学迅速向前发展。

在西欧和美国，工厂、铁路、堤坝、桥梁、高大的烟筒、大跨度房屋和多层建筑如雨后春笋般建造起来。工程规模愈来愈大，技术日益复杂。19 世纪，铁路桥梁是工程建设中最困难最复杂的一部分，它对力学和结构科学的发展有突出的推动作用。

迅速蔓延的铁路线，带来大量的建桥任务，英国在铁路出现后的 70 年中，建造了 2500 座大小桥梁，有的要在宽深的河流和险峻的山谷间建筑。为了减少造价昂贵、施工困难的桥墩，桥的跨度不断增大。原有的桥梁形式不能适应，必须寻找出自重轻且能承受很大荷载的新的结构形式。

早期的铁路桥梁史上，记载着一系列工程失败的记录，在初期，事故更是频繁。1820 年，英国特维德河上的联合大桥（Union Bridge，长 137 米）（图 5）建成半年后垮了。1830 年英国梯河上一座铁路悬索桥，在列车通过时，桥面出现波浪形变形，几年之后裂成碎块。1831 年英国布洛顿悬索桥在一队士兵通过时毁坏了。1840 年，法国洛克·贝尔纳赫悬索桥（Roche Bernard，长 195.5 米）（图 6）建成不久，桥面被风吹掉。1878 年，英国泰河上的铁路大桥通车一年半后，当一列

图 5. 联合大桥

火车在大风中通过时，桥身突然破裂，连同列车一起坠入河中。失败教训了人们，必须深入掌握结构的工作规律。

以前，桥梁和其他大型工程通常由国家和地方当局或公共团体投资建造。资本主义经济发展后，大多数工程，包括大型铁路桥梁在内，往往是个别资本家或他们的公司的私产，资本家迫切要求减少材料和人力消耗，尽量缩短工期，以最少的投资获取最大的利润。必须尽一切努力防止工程失败而招致严重的损失。工程规模越大，投资越多，工程一旦失败，将给资本家带来难以忍受的巨大损失。古代埃及的法老和罗马的皇帝们在建造金字塔和宫殿时，可以毫无顾惜地投入大量奴隶劳动；中世纪的

图6. 洛克·贝尔纳赫悬索桥

哥特教堂，是不慌不忙建造起来的，盖一点，瞧一瞧，不行再改，一座教堂在十几年内建成算是很快的，有的一拖就是几十年、上百年。近代资产阶级不能容忍这种做法，要求在工程实施前周密筹划，精打细算，不允许担着风险走着瞧的干法。这样，工业革命以后，在工商业资产阶级的经济利益的推动下，结构分析和计算日益受到重视，成为重要的工程设计中必须的步骤，当缺乏可靠的理论和适用的计算方法时，要进行必要的实验研究。

没有科学，近代工业就建立不起来。1809 年，当了皇帝的拿破仑亲自到法国科学院参加科学报告会。这位东征西讨的皇帝忽然对薄板振动实验发生了兴趣。听完实验报告，他向科学院建议，用悬奖的方式征求关于板的振动理论的数学证明，旨在鼓励科学家们用科学成果为正在发展的法国工业服务。

工业和交通建设怎样促进当时工程结构科学的发展，可以从当时一位著名工程师的一段话中得到生动的说明。1857 年，三弯矩方程的创立者之一，法国的克拉佩龙（Benoît Paul Émile Clapeyron，1799—1864）在向科学院提出的论文中写道："铁路方面的巨大投资，给予结构理论以热烈的推动，因为它经常使工程师们必须去克服一些困难，而在过去几年，他们在这些困难面前，还自认是无能为力的。"接着，他在论文中提出了当时迫切需要的连续梁计算方法。

下面，我们再通过一个实际事例，了解当时的工程技术人员怎样克服困难，兴建起巨大的工程结构，促进结构力学的发展。

五、19 世纪中期结构设计的一个实例

19 世纪中期，对于重要结构工程事先进行分析计算，并通过科学实验解决尚无把握的技术问题，逐渐成为工程界的普遍做法。

1846 年，英国在康卫河（Conway）上及门莱海峡建筑铁路桥（图 7）。康卫桥规模较小，门莱海峡上的不列颠尼亚桥（Britannia Bridge）（图 8、图 9）则是一座大型桥梁，总长 420 米，分作 4 跨，两个端跨各长 70 米，中间两跨各长 140 米。140 米大大超过当时已有的铁路桥跨。这是一个困难的任务。主持工程的铁路工程师斯蒂芬森（R.Stephenson）决定用锻铁板做成管形桥身，火车在管中通行。机械工程师费尔贝恩（W.Fairbairn，1789—1874）在造船工作中对铁板结构有实际经验，被请来参加设计。初步实验证明，铁管本身可以设计得足以承担最重的列车。接着对不同截面形状的管子加以实验，决定采用矩形截面的管桥。（图 10）

管形桥身是没有先例的大胆的方案，费尔贝恩继续做了许多实验来研究这种桥梁结构，发现它的破坏与预想的不同，它不是在材料受拉的凸方先破坏，而是受压的凹方先破坏。费尔贝恩说："在实验中呈现出一些奇怪而有趣的现象——它们有许多是和我们预先想到的材料力学观念相矛盾的。总的说来，同以往所研究的任何事物完全不同。我们一直观察到几乎在每次试验中，管子都呈现出顶边抵抗力薄弱的迹象，也就是抵抗其压碎趋向的力量不够所致。"这是人们第一次进行的薄壁构件因失去稳定而破坏的实验。

为了对实验结果进行理论分析，又请来力学数学家霍芝肯

图 7. 康卫桥

图 8. 不列颠尼亚桥（现照）

图 9.　不列颠尼亚桥（旧照）
图 10.　不列颠尼亚桥管形截面

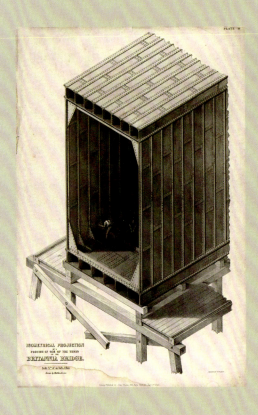

逊（Eaton Hodgkinson，1789—1861）。霍芝肯逊也不能精确解决所遇到的问题，他说："由已被公认的原理推导出的薄壁强度的任何结果，只是个近似值……理论中还不曾肯定这样严重的缺点，当然会影响管子强度计算的正确性。"出路只能是依靠实验。根据对不同形状和尺寸的管梁所做实验，决定了桥的结构尺寸。

最后又做出 1:6 的桥身模型，对长达 23 米的铁制模型反复进行破坏实验。第一次破坏后，加以修复和改进，再做第二次，连续进行 6 次。按实验结果首先设计了单跨的康卫桥。按霍芝肯逊的计算，当桥身中央受 1130 吨的集中荷载时，桥身计算挠度为 0.00914in/t。桥建成后，加载实测实际挠度为 0.01104in/t，比预计值高出 20%。

接着设计不列颠尼亚桥。对于四跨连续梁当时还没有适当的计算方法，更不用说连续的薄壁管状结构了。但从实验中，已了解到连续梁的某些特性。因而在支座处做了特殊的构造处理，并在施工时采取了相应的措施。对风压力和不均匀日照的影响，以及铆钉分布等也通过实验加以解决。

这座用锻铁板建筑的大型管桥于 1850 年建成，存在了120 多年，1970 年在一次火灾中受损。

大桥建成后，参加工作的人员写出许多实验报告和工程总结。费尔贝恩写了《建造不列颠尼亚及康卫管桥建造纪实》（*An Account of the Construction of the Britannia and Conway Tubular Bridges*，1849）。霍芝肯逊还对建桥中提出的力学问题继续进行了研究。这座桥梁引起各国工程师的重视。如克拉佩龙和俄国工程师儒拉夫斯基都在著作中对不列颠尼亚桥做了评论，按照后来力学和结构科学的新进展，提出总结性的意见。

不列颠尼亚管形铁桥的建造及围绕它所进行的科学试验，是 19 世纪中期工程结构领域一次重大的实践。它推动了结构科学的发展，计算连续梁的三弯矩方程在此桥建成 10 年之后被提出来了。

六、几种结构形式计算理论的发展简史

总的说来，17 和 18 世纪，人们主要是研究简单杆件的问题，即梁或柱。其主要理论和计算方法到 19 世纪初大体完备。后来，由若干杆件组成的杆件系统成为重要的研究对象，形成结构力学的主要内容。从建立连续梁和桁架理论开始，结构力学于 19 世纪中期从力学中划分出来，成为一门独立工程学科。

到 19 世纪末，材料力学和结构力学方面达到的成果，使人们掌握了一般杆件结构的基本规律和工程中实际可用的计算方法。下面就房屋建筑中几种结构形式，即简单梁、连续梁、拱、桁架及超静定体系等，稍加具体地介绍人们怎样在"实践—理论—实践"的反复循环中，一步步由浅入深、去粗取精，从感性认识达到理性认识的发展过程。

（一）梁

梁的使用很早也很普遍。梁是一种很简单的结构，但是实际上，梁的工作状况和它内在的受力规律却是经过了很长的时间和曲折的途径才逐步揭示出来。

《墨经》中关于梁的性能有初步描述："衡木加重焉而挠，极胜重也。右校交绳，无加焉而挠，板不胜重也。"（《经说

下）这是把木梁同悬索加以比较，指出它具有抗挠曲的性能，很可能《墨经》是世界上最早论及梁的受力性质的文献。

文艺复兴时期，意大利达·芬奇开始思考梁的强度问题，他指出简支"梁的强度同它的长度成反比，同宽度成正比"；"如截面与材料都均匀，距支点最远处，其弯曲最大"。但他还没有论及梁的强度与高度的关系。

17 世纪初，由于造船业发展的需要，伽利略着重研究过梁的强度问题（图 11）。他指出，简支梁受一集中荷载时，荷载下面弯矩最大，其大小与荷载距两支座的距离之乘积成正比。他提出梁的抗弯强度与梁的高度的平方成正比。矩形截面的梁，平放和立放时，抵抗断裂的能力不同，两者之比等于短边与长边之比。伽利略还推导出等强度悬臂梁（矩形截面）的一个边应是抛物线形。他提出了用计算方法来确定梁的截面尺寸和所能支持的荷载之间的关系，可是在分析悬臂梁的内力时，错误地以为梁的全部纤维都受拉伸，截面上应力大小相同。他把中性轴定在梁的一个边上（图 12）。

伽利略时期，人们还不了解应力与变形之间的关系，缺少解决梁的弯曲问题的理论基础。

1678 年，通过科学实验，胡克提出变形与作用力成正比的胡克定律。他明确提出梁的弯曲概念，指出凸面上的纤维被拉长了，凹面边上的纤维受到压缩。

1680 年，法国物理学家马里奥特（Edme Mariotte，1620—1684），经过对木材、金属和玻璃杆所做大量的拉伸和弯曲试验，也发现物体受拉时的伸长量与作用力大小成正比关系。他在研究梁的弯曲时，考虑弹性变形，得出梁截面上应力分布的正确概念，指出受拉部分的合力与受压部分的合力大小

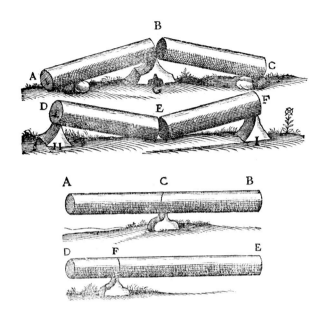

图 11. 伽利略的梁受力研究

图 12. 伽利略的悬臂梁研究

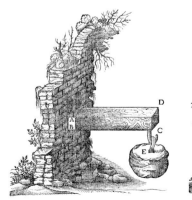

相等。由于第一次引入弹性变形概念，马里奥特改进了梁的弯曲理论。可是，由于计算中的错误，他没有得出正确的结论。

马里奥特从实验中还发现，两端固定的梁所能承受的中央荷载的极限值比简支梁要高出一倍，他指出支座约束影响梁的抗荷能力。1705 年，雅各布·伯努利提出了梁弯曲时的平截面假设。

1713 年，法国拔仑特（Antoine Parent，1666—1716）在关于梁的弯曲的研究报告中，纠正以前人们在中性轴问题上的错误，指出正确决定中性轴位置的重要性。他对于截面上应力分布有了更正确的概念，并指出截面上存在着剪力，他实际上解决了梁弯曲的静力学问题。可以顺便提及的是，拔仑特曾提出从一根圆木中截取强度最大的矩形梁的方法。办法是将直径三等分，从中间两个分点分别做两垂线与圆相交，便得出 ao 为最大值的木梁。

但是，拔仑特的研究成果没有经科学院刊行，他的公式推导也不易为人看懂，因而当时未受到重视。

又过了 60 多年，法国的库仑（Coulomb，1736—1806）——一位从事过多年实际建筑工作的工程师和科学家，1776 年发表了关于梁的研究成果。他运用 3 个静力平衡方程式计算内力，导出计算梁的极限荷载的算式。他证明如梁的高度与长度相比甚小时，剪力对梁的强度影响可以略去不计。库仑提供了和现代材料力学中通用的理论较为接近的梁的弯曲理论。

从伽利略提出梁的强度计算问题算起，到 18 世纪末库仑将梁的弯曲理论得到基本解决，中间经过 138 年。

库仑提出的梁的计算方法，当时也没有得到响应。又经过

40 多年，才受到工程师们的重视。到库仑为止所得到的梁的弯曲理论，还是建立在一些简化的假定之上，因而是不太精确的。不过后来证明，由此所得到的结果对于一般的矮梁来说同实际情况相差并不大，而所用的数学比较简单，对于一般工程问题是合用的。

19 世纪上半叶，许多研究者进一步把弹性理论引入梁的弯曲研究中，发展出精确的弯曲理论。

在这方面，法国工程师纳维耶（Claude-Louis Navier，1785—1836）首先做出了贡献。纳维耶早期曾以为中性轴的位置不重要，而把凹方的切线取作中性轴（1813）。以后他改过来，假定中性轴把截面划为两部分；拉应力对此轴的力矩与压应力对此轴的力矩相等（1819）。最后他正确地认识到：当材料服从胡克定律时，中性轴通过梁的截面形心（1826）。他纠正了自己原来的错误。

1826 年，纳维耶在著作中指出最主要的是寻求一个极限，使结构保持弹性而不产生永久变形。他认为导出的公式必须适用于现有的十分坚固的结构物，这样才能为建筑新的结构物选定适当的尺寸，他实际上提出了按允许应力进行结构设计的原则。纳维耶还提出说明某一材料的特性，仅得出它的极限强度还不够，还需说明其弹性模量。弹性模量的概念过去已为汤姆士·扬提出过，但纳维耶得出了这个概念的正确定义。纳维耶导出了梁的挠曲线方程。他又研究出一端固定一端简支的梁，两端固定的梁、具有 3 个支座的梁以及曲杆弯曲等超静定问题的解法。至于梁不在力所作用的同一平面内弯曲和梁弯曲时的剪应力问题，不久由别人加以解决了。

法国工程师和科学家圣·韦南（Saint-Venant，1797—

1886）在 1856 年提出各种截面棱柱杆弯曲的精确解，并进一步考虑了弯曲与扭转的联合作用。除了截面上分布的应力，他还计算了主应力和最大应变，第一次对梁弯曲时横截面形状的变化做了研究。他还研究了梁中的剪应力。圣·韦南在梁的弯曲方面做出新的重要的贡献。

圣·韦南关于梁内剪应力的解决只限于几种简单截面形状。俄国工程师儒拉夫斯基在建造铁路木桥的实践中，发展了梁弯曲时剪应力的理论，并提出组合梁的计算方法（1856）。

对一般结构工程的应用来说，梁的理论和计算方法，在 19 世纪中期已经成熟。但在弹性理论范围内，研究还在继续深入。

（二）连续梁

对连续梁的科学研究开始于 18 世纪后期，它随着钢铁材料在桥梁上逐渐广泛应用而发展起来。距今 200 年前，欧拉开始分析连续梁时把梁本身看作绝对刚体，而把支座看成是弹性移动的，没有能够得出正确的结果。但欧拉指出只靠静力平衡条件，不能解决连续梁问题，点明了问题的性质。

19 世纪初，德国工程师欧捷利温（Eytelivein，1764—1848）改变分析方法，把连续梁看作是放在刚性支座上的弹性杆，得出双跨连续梁在自重和集中荷载下支座反力的计算公式（1808）。但欧捷利温的公式十分繁杂，无法在实际中应用。20 年后，纳维耶在这个问题上也采取了与欧捷利温相同的方法（1826），两人都是通过最困难的途径寻求解答。然而大量的铁路桥梁和其他工程任务迫切需要找出简捷与完善的计算方法。前面已提到过的英国不列颠尼亚桥的兴建（1846—1849）就是一个例子，尽管设计人之一曾按纳维耶的方法研究过连续梁，但是实际上还是不能做出计算。最后仍是按简支梁模的实验数据来决定这座四跨连续梁的管桥结构尺寸，这是不得已的办法。

英国不列颠尼亚桥正在完工之时，在欧洲大陆上，解决连续梁计算问题的三弯矩方程出现了。它像许多发现和发明一样，也不是一个人，而是由许多人几乎同时提出来。

1849 年，法国克拉佩龙在重建一座桥梁时，研究了连续梁的计算问题，对于 n 跨的连续梁，他列出了 2n 个方程组和（2n-2）个补充方程，计算仍然繁难，但其中包含着新方法的萌芽。8 年后，克拉佩龙在论文中提出三弯矩方程（1857）。

1855 年，法国工程师贝尔托（Bertot）发表简化的三弯矩方程，同时期另外一些结构著作如 1857 年巴黎出版的《钢桥结构的理论与实际》（L. Molinos 与 C. Pronnier 合著）和德国斯图加特出版的《桥梁结构》（F. Laissle 与 A. Schubler 合著）等书中有了类似的方法。德国工业学院教授布雷斯（J. A. C. Bresse，1822—1883）进一步完善了连续梁理论（1865）。不久，德国工程师摩尔（O. Mohr，1835—1918）提出三弯矩方程的图解法（1868），使工程设计时有了简便的计算方法。

连续梁计算方法建立后，人们回过头去对已建成的不列颠尼亚桥加以检核。莫尼诺斯和曾朗尼尔对该桥加以核算，计算出它上面各处的最大应力：第一跨中央 4270lb/in2，第一支座上 12800lb/in2，第二跨中央 7820lb/in2，中央支座上 12200lb/in2。克拉佩龙提出，如果改变钢板厚度，加强支座，可以改善桥的结构。

19 世纪后期，连续梁的计算也比较完善了，在实际工作中可以很快求出不同的连续梁在各种荷载作用下的弯矩、剪力和挠度，并有足够的精度。

（三）拱

拱的实际应用不仅历史悠久，而且早就达到了很高的水平。古代罗马人是运用这种结构（图 13）形式的能手，西欧中世纪哥特式教堂中的拱券结构更是非常精巧，至今令人为之惊叹不已。中国隋代的赵州桥（图 14）跨度 37.5 米，是世界最早的敞肩石拱桥。

但是，人们对拱的理解却长期停留在感性阶段。古代阿拉伯谚语说："拱从来不睡觉"。15 世纪末达·芬奇这样描述拱的工作原理："两个弱者互相支承起来即成为一个强者，这样，宇宙的一半支承在另一半之上，变成稳定的。"阿尔伯蒂认为拱是彼此支撑的楔块体系，楔块相互挤压，而不由任何东西联结。他认为半圆拱是一切拱中最强的。这个观点，在长时间内支配着人们对拱的看法。

17 世纪末，胡克开始分析拱的受力性质。他提出拱的合理形式应和倒过来的悬索一致。18 世纪初，法国建造大量的公路拱桥，工程师时为建立拱的理论而努力。第一个用静力学来研究拱的是拉耶尔（La Hire，1640—1718），他证明如果各楔块间完全平滑，则半圆拱不可能稳定，是胶结料防止了滑动才得以稳定。这时有人对拱的破坏进行模型实验，发现拱的典型破坏是由于接缝张开而断裂为 4 个部分。1773 年，库伦指出要避免拱的破坏，不但需要防止滑动，还要防止破坏时的相对转动。他计算出防止破坏所需的平衡力的极限值，但没有定出拱的设计法则。

法国工程师们继续对拱做大量实验和观测，证实了库伦的

图 13. 古罗马拱结构为主体的角斗场（刘珊珊 摄）

图 14. 河北赵县安济桥（赵县文物局 李晋栓 摄）

观点。但是困难在于求定断裂截面的位置。

19世纪初，克拉佩龙和另一法国工程师拉梅（M. G. Lame）在俄国工作，他们为建造圣·伊隆克教堂的穹顶和筒拱进行研究，提出一种求定破坏截面的图解方法（1823）。接着纳维耶研究拱的应力分布问题，提出支座底面尺寸的计算方法（1826）。

拱临近破坏时张开的裂缝有如一个铰结点，由此引起一种想法：为了在工程中消除这种铰点位置的不确定性，可以预先在拱内设置真正的铰点。这样就出现了三铰拱的设计。1858年出现了在桥墩处有铰的金属拱桥，1865年出现在每个支座和各跨中央设有铰的拱桥。这时期，甚至还出现过设有铰的石拱桥（1870），方法是在墩座处和拱顶点埋置铅条。不过，三铰拱桥并没有被广泛使用，拱式桥梁中较多的还是超静定的双铰拱（图15）。三铰拱和三铰钢架后来多用于大跨房屋中。

当弹性曲杆的研究有了进展以后，法国彭赛利（Poncelet，1788—1867）指出只有将拱当作弹性曲杆，才能得出精确的应力分析。可是工程师们向来认为石拱由绝对刚体组成，与弹性理论无关。又经过许多实验研究，包括奥地利工程师与建筑师学会一个专门委员会所做的大量实验之后，人们才逐渐相信弹性曲杆理论对于决定石拱的正确尺寸有重要意义。德国尹克勒和摩尔等把这个理论应用于拱的分析。尹克勒讨论了双铰拱和固端拱，提出关于压力线位置的尹克勒原理（1868）。摩尔提出分析拱的图解方法（1870），俄国高劳文分析拱的应力与变形，给出固端拱的计算。他发现拱内还有剪应力和径向作用的应力，但又证明近似解与精确解之差不大于10％—12％，因而在实际应用中是可行的（1882）。

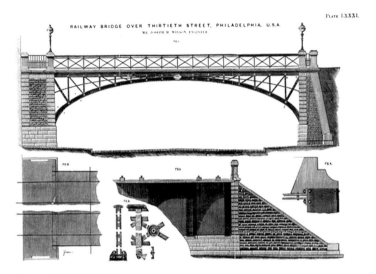

图 15. 双铰拱桥梁设计图

　　19 世纪末钢筋混凝土结构出现后，拱的理论研究进入一
个新的阶段。

（四）桁架

　　用多根木料构成屋架和其他构架，以跨越较大的空间，这
也是古代已有的结构形式。不过，无论在中国或外国，古代的
屋架和其他杆件体系大都是组合梁的性质，属于梁式体系。其
中的腹杆，主要起着把横梁联系在一起的作用。中国古代工匠
对于三角形几何不变的性质大概是了解的。但是，在建筑历史
上，三角形结构时而出现，时而消失。一般说来，古代所用屋
架，同现代桁架有很大差别。现代桁架及其理论是在建造铁路
桥梁的过程中发展起来的。

　　铁路刚出现时，西欧国家常用石头或铸铁的拱桥通行火车。

而在美国和俄国人烟稀少的地区，则常用木料建造铁路桥。为适应火车通行和加大跨度，这类桥梁的形式从袭用旧式木桥形式逐渐走向创新，出现过多种多样的木桥结构形式。钢桥代替木桥以后，杆件截面变小，节点构造简化了。金属材料的优良性能更促进了对杆件体系的分析研究。19 世纪中期，在美国和俄国出现初步的桁架理论。1847 年，美国工程师惠普尔（S. Whipple，1804—1888）在所著《论桥梁建造》（*An Essay on Bridge Building*）中提出静定桁架的计算办法，同一时期，俄国儒拉夫斯基在建造木料铁路桥时提出平行桁架的分析方法，进一步研究复杂桁架的计算，于 1850 年提出桁架分析的论文。

美国的工程师在实践中有许多大胆的创新，但往往满足于用自己的发明取得专利，对理论研究常常不够重视。因此，我们看到，桁架理论的进一步发展主要仍在欧洲。

惠泼和儒拉夫斯基在求杆件内力时采用的是节点法，德国工程师施维德勒（J. W. Schwedler，1823—1894）又提出截面法（1851），库尔曼（T. K. Culmann，1821—1881）和麦克斯韦（C. Maxwell，1831—1879）介绍了分析桁架的图解方法。到 70 年代，这些方法经过完善和简化，足以计算当时所用的一般静定桁架。杆件和节点数目不多，图形简单，用料经济的静定桁架在实际建设中逐渐采用。

人们进而研究复杂的超静定桁架。儒拉夫斯基提出过多斜杆连续桁架的近似计算。各国的工程师和科学家如克列布希（A. Clebsch，1833—1872，德国）、麦克斯韦、摩尔、卡斯蒂利亚诺（A. Castigliano，1847—1884，意大利）、喀比杰夫（1844—1913，俄国）等，为解超静定桁架奠定了理论基础。到 80 年代，已能用比较精确的方法计算这种结构了。

对于空间桁架，德国天文学教授穆比斯（A. F. Möbius，1790—1868），在 19 世纪 30 年代曾做了一些探讨，但他的著作多年未被人注意。在实际工作中，空间桁架的计算工作极为繁复，因而在很长的一段时间内很少实际应用。19 世纪末，提出多种空间桁架理论，德国工程师虎勃（A. Fopl，1854—1924）做了许多基础性工作（《空间桁架》，1892）。1890 年前后，他曾设计建造过莱比锡一个大型商场的空间桁架屋盖。

先前，为了简化桁架计算，都把节点假定为理想铰。可是实际的节点却总是很刚固的，杆件除受轴力外，还有少量弯矩。考虑弯曲应力的影响（即桁架次应力问题），属于困难的高次超静定问题。为解决这个问题，用去了数十年时间。1880 年提出非常复杂的难以实际应用的解法，1892 年摩尔提出较为精确的近似解法，在工程中得到应用。

现在的桁架研究主要是对给出的桁架计算其内力问题，更困难的也是最需要的，是如何直接设计出最有利的桁架，如在一定荷载组合及特定条件下，直接设计出重量最小、构造最简单的经济桁架来。这个问题在现代"最优设计"研究中才逐步得到解决。

（五）超静定体系问题

从常识中就可以知道，在结构上多使用些材料，多用些杆子和支撑，把节点做得刚固些，总是有利的。可是这样一来，结构就成为超静定的了。对于古代留下的许多建筑物，即使应用今天的力学和结构知识去加以计算，也还会感到相当的困难，有时甚至不可能。在古代，人们没有这样的困难，因为当时盖房子只凭经验和定性的估计，根本不做定量计算。

在 19 世纪，当超静定结构的理论和计算方法还没有发展到能够应用的时期，在桥梁中首先使用的是静定桁架。把那些从静力平衡条件看来是"多余的"联系从结构中去掉，使之可以用静力平衡方程比较容易地计算出结构的内力。

静定结构图形简单，节点和杆件较少，用料节省。起初，那种简单、纤细、轻巧的结构同历来关于结构坚固性的概念相抵触，曾使许多人感到惊讶和怀疑。

静定结构虽有一些优点，但它们并不是最完善的。连续梁就比多跨简支梁节省材料。用于铁路桥梁上，连续梁能减少火车从一跨驶上另一跨时的冲击。静定结构不允许任何一个支座或杆件的破损，而超静定结构一般不至于由此而引起十分严重的破坏。在静定结构中，有时为了保持静定的性质，有意设置铰点、可动支座以及隔断体系的特殊接缝，凡此种种，增加了构造和施工的复杂性。再以超静定的钢架来说，由于节点的刚性，杆件数目得以更加减少，弯矩比相应的简支梁架减少许多。钢架体系的连续性保证了各部分的共同作用，使之成为更经济的结构形式。总之，从生产的观点看，超静定体系有更大的经济性和更广泛的应用范围。

实际上，严格地说一切工程结构都是超静定的。静定结构只是在设计中进行一定简化，并抽象成计算简图后才是静定的，而实际结构物仍是超静定的。因此按超静体系分析计算更符合实际状况。

人们在静定结构分析的基础上努力解决超静体系的理论和计算问题。先是得出一个个具体问题的个别解决，进而找出关于超静体系的普遍性理论和计算方法。

1864 年，麦克斯韦提出解超静定问题的力法方程。1879

年，意大利学者卡斯提阿诺论述了利用变形位能求结构位移和计算超静定结构的理论。接着摩尔发展了利用虚位移原理求位移的一般理论。

采用有刚性节点的金属框架，特别是后来的钢筋混凝土整体框架的大量应用，促进了对刚架和其他更复杂的超静定结构的研究。从 19 世纪末到 20 世纪初，新的计算理论，如位移法、渐近法等陆续研究出来。结构科学中另外一些较复杂的问题，如结构动力学、结构稳定等，到 20 世纪陆续有了比较成熟的成果。

从伽利略的时代算起到 19 世纪结束，在近 300 年间，经过大约 10 代人的持续努力，在生产实践的基础上，进行大量的科学研究，又回到生产实践中去，经过无数次循环往复，人们终于掌握了一般结构的基本规律，建立了相应的计算理论。在结构工程方面，人们从长达数千年之久的宏观经验阶段进化到科学分析的阶段。

从 19 世纪后期开始，用越来越丰富的力学和结构知识武装起来的工程技术人员，获得了越来越多的主动权。科学的分析计算和实验，把隐藏在材料和结构内的力揭示出来，人们可以预先掌握结构工作的大致情况，计算出构件截面中将会发生的应力，从而能够在施工前，做出比较合理的经济而坚固的工程设计。不合适的不安全的结构在设计图纸上被淘汰了，工程中的风险日益减少，必然性增多，偶然性减少。

过去，在几十、几百年甚至上千年中，结构变化很少。现在，人们掌握了结构的科学规律，就能够大大发挥主观能动作用，按照生产的需要，有目的地改进旧有结构，创造新型结构。在 19 世纪和 20 世纪中，新结构不断产生，类型之丰富，发展速度之快，是以前所不能设想的。

工程结构成为科学，在这个领域中，人们获得愈来愈大的自由。这是近代建筑事业区别于历史上几千年的建筑活动的一个重要标志，是建筑历史上一次空前的伟大跃进。

（原载于《论现代西方建筑》，中国建筑工业出版社，1997，有删改）

现代建筑的报春花

——1851 伦敦世博会水晶宫

全球第一次世博会

1851 年 5 月 1 日，在英国伦敦的海德公园，世界上第一个世界性博览会揭幕，英国维多利亚女王出席开幕典礼（图 1）。

出席开幕式的人惊讶地发现，自己处身于一个前所未见的、高大宽阔而又非常明亮的大厅里面。在一片欢欣鼓舞的气氛中，乐队高奏"天佑吾皇"乐曲，维多利亚女王在礼乐声中剪彩。展馆内飘扬着各国国旗，安置在室内的喷泉吐射出晶莹的水花。屋顶是透明的，墙也是透明的，到处熠熠生辉。人们说到了这座建筑里面，仿佛走入神话仙境，兴起仲夏夜之梦的幻觉。于是人们都把这座晶莹透亮，从来没有过的建筑物叫作"水晶宫"（图 2、图 3）。

这次博览会展出英国本土和来自海外的展品 1.4 万多件。在半年的展期中，英国及来自世界各地的 600 万人参观了这次博览

图 1. 伦敦水晶宫，开幕式，维多利亚女王出席（1851 年 5 月 1 日）

图 2. 伦敦水晶宫正面立面绘画

图 3. 伦敦水晶宫西立面照片

会，盛况空前。博览会陈列的展品，一半出自英国及所属殖民地。在外国送来的展品中，法国 1760 件，美国 560 件。展品中小的有新问世的邮票、钢笔、火柴，大的有自动纺织机、收割机等新发明的机器，几十吨重的火车头、700 马力的轮船引擎都放在室内展览，建筑内部空间之宽阔，令 19 世纪中期的人非常吃惊（图 4）。

对于这次博览会的成功召开，维多利亚女王特别兴奋。她在日记里记下当天的感受："一整天就只是连续不断的一大串光荣……亲爱的艾伯特，一大片艾伯特的光芒……一切都是那么美丽，那么出奇……极多的人众，那么规矩，那么忠诚……各国的国旗飘扬……房子内部那么大，站着成千上万的人……太阳从顶上照进来……棕榈树和机器……地方太大，以致我们不大听得见风琴的演奏声……帕克斯顿先生，他真该得意……乔治·格雷爵士掉眼泪。人人都惊讶，都高兴。"女王笔下的

图4. 水晶宫内景

这些文字是对当日盛况的生动而又难得的写照。

维多利亚女王的兴奋与满意是容易理解的，因为博览会的成功对她有特别的意义。从1837—1901年，她统治英国达64年，被称为英国的"维多利亚时代"。到19世纪40年代，英国的大机器生产基本取代了工场手工业，1850年，占世界人口2%的英国，生产的工业产品占世界工业产品总量的一半，英国成为当时的"世界工厂"。同时，英国在全球拥有大量殖民地，成为所谓"日不落帝国"。博览会宣扬了英国的成就和实力，也提高了维多利亚女王的声望。

日记中提到的艾伯特，就是女王的丈夫艾伯特亲王，是他主持了博览会的筹备工作，他在博览会的兴办及展馆的建造中发挥了重要的作用。

艾伯特是一位德国公爵之子。过去，欧洲各国王室间有互相通婚的传统。艾伯特生长在贵族之家，却无纨绔子弟习气。据说他年轻的时候，在一次佛罗伦萨的舞会上，他不理会爱慕他的众多美丽女子，只与一位著名教授讨论学问。他与维多利亚女王结婚后，成为女王的助手和顾问。艾伯特热心科学、工业和艺术等方面的活动，又很关心下层人民的生活，他曾不顾异议，参加劳工之友协会的会议。在工作中，艾伯特表现出日尔曼人严谨的思维方式和卓越的组织才能，获得了英国人民的广泛爱戴。

英国先前曾举办过小型的工业展览会，艾伯特对此很感兴趣。当有了举办大型博览会的意向后，他积极担当筹办重任。艾伯特考虑在将要举办的博览会中，除了英国本土和殖民地产品外，还要有别国的产品；除了工业和科技新产品，还要有农业、手工业和艺术品。规模要大，标准要高，要超过以往一切展览会，使之具有里程碑的意义。艾伯特制订计划，一个小型委员会在他的领导下工作。

大难题

起初一切很顺利。厂家热烈拥护，各个殖民地表示赞同，其他大国也愿意送来展品。艾伯特在伦敦市内的海德公园选定博览会场地，得到政府的批准。

然而，在博览会的建筑问题上出了麻烦。博览会预定1851年5月1日开幕，而这时已到了1850年初，当务之急是做出博览会场馆的建筑设计。为了得到最好的建筑设计方案，1850 年 3 月筹备委员会宣布举行全欧洲的设计竞赛。各国建筑师踊跃参加，共收到 245 个建筑方案。但评审下来，没有一个合用。

困难在于，从设计到建成开幕，只有一年两个月的时间。而博览会结束后，展馆还得拆除。这座展览建筑既要能快速建成，又要能快速拆除。其次，展馆内部要有宽阔的空间，里面要能陈列火车头那样巨大的展品，要容纳大量的观众，还得有充足的光线，让人能看清展品。当然，还得有一定的气派，不能搞临时性的棚子凑合。

借鉴历史上的建筑样式，把展馆做得宏伟、壮观，是当时建筑师的强项，送来的 245 个建筑方案各色各样，全都是按已有的传统建筑方式和建筑体系设计出来的，都很壮观、华丽、体面。

世界各地早就建造过宏伟的宫殿、寺庙、教堂和陵墓。从外形看，壮观庞大，然而除少数例外（如古罗马的大浴场），内部的有效空间其实都不大。木结构房屋更是如此。北京明清故宫占地很大，按中国老房屋的计算法，故宫号称有"九千九百九十九间半"，但是故宫建筑的有效使用面积其实与人民大会堂差不多，而且由于采用木柱木梁，柱与柱之间的距离受单个木梁长度的限制，间距大不了。所以大一些的殿堂，里面都立着很多柱子。过去欧洲的砖石造建筑物，墙体厚重，由于采用石砌拱券，内部空间比木构建筑大得多，即便如此，也无法在其中布置成千上万件工商业展品，让上千的参观者同时在里面来往参观。那个时候，全世界找不出一处现成的房舍可以举办世界性的大型博览会，只得想办法新造。

当时欧洲建筑师设计都拿已有的宫殿教堂寺院作蓝本，他们送交的建筑方案，用来举行宗教仪式、典礼舞会很合适，但用以举办新型的工商业展览，则不合用。费工费料不说，要命的是没有一个走传统路线的建筑方案能够在一年多时间内建成。

于是，筹备委员会组织一些建筑师做设计，然而拿出来的还是一个相当复杂的、中央有一个高大圆穹顶的砖砌建筑。这个方案也无法令人满意，委员会决计按自己的建筑方案开工。

消息传开，舆论哗然。

不能说当时的欧洲建筑师缺少才能，不是的，这不是哪一个人的能力大小的问题。在 19 世纪，传统的建筑学和建筑方式，在一般情形下是合用的。但在这个特定的、由社会发展带来的有新需求的项目上，遇到了困难，无能为力。

转机

中国戏剧演员说"救场如救火"。1850 年春夏之交，博览会筹委会那班人真的遇到难事了，他们进退两难，艾伯特亲王伤透脑筋。在这个当儿，一个"救场"的人出现了。

此人名帕克斯顿，其时 50 岁。他找到筹委会，说自己能够拿出符合要求的建筑方案。委员会的人将信将疑，但愿意让他一试，时间不能长。

帕克斯顿和他的合作者忙活了 8 天，果真拿出一份符合各种要求的建筑设计方案，还带有造价预算。筹委会反复研究，感到满意，终于在 1850 年 7 月 26 日正式采纳帕克斯顿的方案。施工任务由福克斯·亨德森公司负责。

　　帕克斯顿提出一个与众不同的新颖的建筑方案。展馆整体是用铁柱铁梁组成的巨大框架。长 1851 英尺（564 米），隐喻 1851 年，宽 408 英尺（124 米）。3 层，由底往上逐层缩进。正中有凸起的圆拱顶，其下的中央大厅宽 72 英尺（22 米），最高点 108 英尺（33 米）。左右两翼高 66 英尺（20 米），两边有 3 层展廊。展馆占地 77.28 万平方英尺（约 7.18 万平方米）；建筑总体积为 3300 万立方英尺（93.46 万立方米）。展馆的屋面和墙面，除了铁件外，全是玻璃，整个建筑物就是一个巨大的铁与玻璃的组合物。

　　采用帕克斯顿的方案，决定用铁和玻璃建造博览馆，又招来更多异议。

　　以《泰晤士报》为中心，一派人反对在海德公园里建造庞大的铁和玻璃的"怪物"，有一阵子反对的声浪很大，"怪物"几乎要被逐出伦敦，赶到郊外去了。幸而在议院的激烈辩论中，赞成建在海德公园的一派占了多数，取得胜利。接着又出现资金危机，终于又募来 20 万英镑作为基金，渡过难关。

　　随着铁与玻璃的大家伙一天天凸现，反对的声浪又爆发了。各种各样的意见都有：有人反对将公园里的大榆树包在建筑物里面；有人断言玻璃屋顶必定漏水；有人说将有成千上万只麻雀从通气孔中钻进展馆，鸟粪将损坏展品；有人预言，博览会将是英国暴徒和欧洲反动分子的集合点，博览会开幕日将发生暴动。有一个教派头目宣称举办博览会是狂妄而邪恶的企图，会促使上帝降罚英国。有位上校更是愤激不已，他在国会辩论时甚至祈求上苍降下雷电冰雹，砸毁"那个可咒的东西"……

　　艾伯特不动摇，他顶着压力推进工程建设。1921 年出版的里敦·斯特莱切著《维多利亚女王传》里写道："艾伯特百折不回，一直向目标行进。他的身体累坏了，夜里总失眠，他的气力差不多用尽了。可他一点也不松懈。他的任务一天比一天艰巨；他召开委员会，主持公开集会，发表演说，与文明所及的世界上每一个角落通信。"

展馆工程在艰难中推进。

前面提到，帕克斯顿的建筑方案于 1850 年 7 月 26 日被正式采纳，此时距预定的 1851 年 5 月 1 日开幕日只有 9 个月零 5 天。再留出布展时间，设计和施工的时间简直少之又少。可是庞大的展馆只用了 4 个月多一点的时间就建成了，这是前所未有的高速度。主要原因是由于它既不用石头也不用砖头，工地极少泥水活。而且用料单一，只用铁与玻璃，整个建筑物用 3300 根铸铁柱子和 2224 根铁（铸铁和锻铁）制的桁架梁。柱与梁连接处有特别设计的联结体，可将上下左右的柱子和梁连接成整体，牢固而快速。

整个建筑物所用构件与部件都是标准化的，只用极少的型号。例如屋面和墙面都只用一种规格的玻璃板，尺寸是 49 英寸 ×10 英寸（124 厘米 ×25 厘米）。这是英国当时生产的最大尺寸的玻璃板。标准化的结果，不但工厂生产很快，工地安装也快。80 名玻璃安装工人一周内能安装 18.9 万块玻璃。整个展馆的玻璃面积为 89.99 万平方英尺（8.36 万平方米），重 400 吨，相当于 1840 年英国玻璃总产量的 1/3。整个展馆的铁构件和玻璃板由伦敦附近几家铁工厂和玻璃工厂大批生产，运到工地组装。施工中尽量使用机械和蒸汽动力（图 5）。

展览馆有庞大宽敞的室内空间，有观看展品所需的充足的天然光线（当时人工照明只有煤气灯，电灯还未实用化），特别是能够在那样短的时间内建成，然后拆除，改到另一个地点

图5. 伦敦水晶宫全景

重建，全靠运用工业革命刚刚带来的新材料、新结构和新工艺才得以实现（图6）。

　　我们将这个水晶宫展览馆与伦敦的圣保罗大教堂做些比较。圣保罗大教堂建筑面积比水晶宫少1/3，墙最厚达14英尺（4.27米），工期从1675年到1716年，用42年时间才落成。而水晶宫墙厚仅8英寸（20.3厘米），工期为17周。水晶宫与圣保罗大教堂两者墙厚之比为1：21；两者工期之比更是悬殊，竟为1：128。水晶宫与圣保罗大教堂性质不同，功能不同，两者不能简单对比，这里只是说明过去造教堂的办法不能解决后世出现的某些建筑问题。

　　不禁要问：当时那么多欧洲建筑师，其中高手如云，为什么提不出类似帕克斯顿那种实际可行的建筑方案呢？简要地讲，有两方面原因：第一，当时的正牌建筑师们对工业化带来的新材料、新结构、新技术还不了解，更不会将之运用于建筑中；第二，他们的传统建筑观念十分牢固，放不开手脚。对于水晶宫那样的东西，那班人都看不上眼，他们顶多承认那是个临时性的玻璃棚子，绝对上不了高雅的建筑艺术（Art of Architecture）台盘。正牌建筑师既不会做又不屑做，怎能指望他们拿出合于博览会筹委会要求的方案来呢！

园艺师帕克斯顿

帕克斯顿何许人也，他为什么能解决问题？

帕克斯顿（Joseph Paxton，1801—1865）出身农民，23岁起在一位公爵家做园丁，后来成为花园总管。原先的植物温室用砖和木料建造，当英国的铁和玻璃产量增加、价格下降以后，人们便用铁和玻璃建造透光率高的温室。帕克斯顿所受教育不多，但在工作中有了用铁和玻璃建造温室的经验，他曾为公爵造过一个有折板形玻璃屋顶的温室，让早晨和黄昏时的阳光直射进温室。他是凭着这样的技术经验去筹委会毛遂自荐的。

博览会筹委会同意帕克斯顿试做展览馆方案后，他立即与一位铁路工程师研究具体做法，又同材料供应商及施工厂商研究构造细节，做出局部模型，试验安装满意之后，找工程公司绘出施工图。

帕克斯顿与正牌建筑师在两个方面正好相反：第一，他不熟悉正统建筑的老套路，却掌握一些新的技术手段；第二，他没有固定的建筑艺术的框框束缚，法无定法，反而敢出新招。

图 6. 水晶宫内景

盛况及后事

1851 年 5 月 1 日，博览会按时开幕。会展 6 个多月，参观人数超过 600 万。其中有相当一部分外国人。他们从世界各处来到这个最先工业化的国度，第一次坐上火车，看到种种新奇的工业产品，眼界大开。这次博览会在财务上也是成功的，博览会于 1851 年 10 月 15 日闭幕时，获得 16.5 万英镑的利润（当时合 75 万美元）。这与水晶宫的低造价有关系。按建筑体积计算，水晶宫每立方英尺的造价只有 1 便士。

博览会结束后，曾申请留在原地，未获批准。水晶宫于 1852 年 5 月开始拆除。帕克斯顿成立一个公司买下材料和构件，运到伦敦南郊的锡登翰（Sydenham）重建，规模扩大很多。新水晶宫于 1854 年 6 月竣工，维多利亚女王又来为它揭幕。新馆用于展出、娱乐和招待活动，十分兴盛。1866 年发生火灾，部分烧毁。又过了 70 年，新水晶宫再次发生火灾，仅有两座高塔得免。第二次世界大战中，为避免成为德国飞机轰炸的目标，水晶宫于 1941 年拆除。

交代了水晶宫的全过程，也应说一下与水晶宫有关的几个人物的后事。艾伯特亲王在 1861 年 11 月染上伤寒症，御医误诊，亲王当年去世，年仅 42 岁。女王受艾伯特之死的打击，陷于极度痛苦之中，消沉达 10 年之久。但她一直活到 1901 年，82 岁逝世，曾是英国在位时间最长的国王。园艺匠师帕克斯顿由于建造水晶宫而被封为爵士，当上国会议员，1865 年去世。

中国人与水晶宫

19世纪中期，英国数度进攻中国。1842年清政府被迫将香港租借给英国。水晶宫博览会里没有中国展品。但是，在开幕典礼上，在合唱队的《哈利路亚》歌声中，一位中国人穿着华服进入大堂，慢慢地走到女王面前，向她行礼。女王很感动，以为他是大人物，传下命令说因为清政府没有代表到场，让此人加入各国大使的行列。这位中国人便泰然自若地随着各国的外交官踽踽而行，随后消失。后来传说，他是当时停泊在英国港口的一艘中国商船的船长。

中国人早年亲往水晶宫参观并有案可查的不多。我们只知道1868年（清同治七年）清朝官员张德彝等出使西洋各国，在伦敦停留期间，曾两次去新水晶宫参观游览。张德彝撰写的《欧美环游记》中，记下他的观感。第一次在白天：

九月初八日壬午，晴。午正，同联春卿（另一位官员）乘火轮车游"水晶宫"。是宫曾于同治五年春不戒祝融（指发生火灾），半遭焚毁。缘所存各种奇花异鸟，皆由热带而来，天凉又须暖屋以贮之。在地板之下，横有铁筒，烧煤以通热气，日久板燥，因而火起。刻下修葺一新，更增无数奇巧珍玩，一片晶莹，精彩眩目，高华名贵，璀璨可观，四方之轮蹄不绝于门，洵大观也。

第二次在晚上：

十三日丁丑，晴。晚随志、孙两钦宪（两位长官）往水晶宫看烟火，经营宫官包雷贺斯、瑞司丹灵（水晶宫两位经理）等引

游各处。灯火烛天，以千万计。奇货堆积如云，游客往来如蚁，
别开光明之界，恍游锦绣之城，洵大观也。

文字生动传神，诚为不可多得的史料。两句"洵大观也"，
点出水晶宫宏伟壮丽之象。在张德彝的另一本书中，他把博览
会称作"考产会"，又称"炫奇会"（《航海述奇》），表达了当
初中国人对这种活动的理解，也是十分传神。

前面说到 19 世纪中期欧洲建筑师的两个特点，一是不熟
悉工业革命后建筑材料、技术方面的新事物，二是受着旧有建
筑观念的束缚。前一方面性质上属于硬件，优劣分明，掌握不
难。后一方面，与社会上层建筑（特别是社会文化心理、审美
风尚等）状况有关。变化起来，曲折反复，非常缓慢。以钢铁
和玻璃为主要材料的建筑物，直到 20 世纪中期，才渐渐被人
们承认，进入高雅建筑艺术之列。

1851 年英国博览会的正式名称很简单，就叫"大博览会"
（The Great Exhibition）。此前从来没有过那种性质和规模的展
览会，它是头一个、独一份，因而这个简单的名称在当时不会
产生疑问。在那之后，许多国家仿效英国的做法，举办大型的
世界性博览会。1851—1970 年，全球举办了 34 次世博会。规
模愈来愈大，参展国和单位愈来愈多，场馆建筑更多，形象不
断翻新，争奇斗艳。有人称 2005 年在日本爱知县举办的世博
会是 21 世纪"第一场国际建筑盛宴"，可见人们对世博会场馆
建筑的关注。

1851 年伦敦水晶宫是工业革命的产物，是 20 世纪现代建
筑的第一朵报春花。

1980 年，美国著名建筑师菲利浦·约翰逊设计的加州格

图 7.　加州格罗夫园水晶大教堂内景

图 8.　加州格罗夫园水晶大教堂

图 9. 加州格罗夫园水晶大教堂钟塔

罗夫园水晶大教堂（Crystal Cathedral，Garden Grove，Ca.）
（图 7—图 9）落成。教堂长 122 米，宽 61 米，高 36 米，体
量超过巴黎圣母院。墙与屋顶全部为银光闪闪的玻璃，由此得
名。教堂主持人说："上帝喜欢水晶教堂，胜过石头建造的教
堂。"此时，距 1851 年伦敦水晶宫已 130 年。

（原载于《外国现代建筑二十讲》，生活·读书·新知三联书店，
2007）

巴黎埃菲尔铁塔

参观埃菲尔铁塔

到巴黎观光的人，没有不去看埃菲尔铁塔的。在一个晴雨不定的日子，我怀着近乎虔诚的心情去了。为着从远到近细细地端详这举世闻名的杰构，就早早地下了公共汽车，绕过联合国教科文组织大楼和军事学院，从战神广场慢慢朝它踱去。

1889 年，巴黎世界博览会建造了两座划时代的建筑。一座是机器陈列馆，可是没有保存下来；另一座是埃菲尔铁塔（图 1），成为这次博览会的永久纪念。铁塔高 312.5 米，4 条塔腿向外撑开，由下而上渐渐收束，形成优美弯曲的轮廓线。整个塔身是一个巨大的铁构架，处处透空，既稳重又轻灵。原来以为它既是一座塔，底部占地不会很大，可是到了下面，才吃惊于那 4 条塔腿之大和它们之间距离之广（图 2）。埃菲尔铁塔底部就是一个极大的广场，即使十几辆汽车并排穿驶也绰绰有余。1926 年 11 月 24 日，

图 1. 埃菲尔铁塔建造过程中

图2. 埃菲尔铁塔底部

有人驾着飞机要从塔下飞过，不幸触到塔架，机毁人亡。可见，铁塔下面的空间是多么宏大。铁塔的每一条腿都极粗大，其中设有楼梯、升降机和各种管线，还有门厅和小卖部。登塔的升降机现在还保持着90年前的形式，从塔腿里面斜着上升（图3）。

铁塔分成3段，在距地57米、115米和276米的高度，各设一个向公众开放的平台。升降机每一段收费6个法郎（巴黎公厕收费1个法郎）。愿意自己爬楼梯上去也可以，从底到顶共有1711个梯级，一般人当然不敢进行这种壮举。我乘升降机来到第一平台，当时天空乌云密布，接着又下起雨来，于是就留在平台的廊子里浏览眺望。这层平台是一个"口"字形的圈圈，面积很大，单是饭馆就有两处。平台四周有坚实的铁栏杆，栏杆外还用钢板网封护起来，防备有人从塔上跳下去。据说铁塔建成以后，已有360多人在这里自杀。我绕着廊子眺

图3. 埃菲尔铁塔早期的升降机

望雨中的巴黎，市区绵延远去直抵天际，蛛网般的街道从一个个广场向四面八方辐射，组成复杂的图案。近处的树木经过雨水冲洗，苍翠欲滴，同灰墙红瓦的建筑物编织在一起。在蒙蒙水汽之中，眺望这巨大的都会，一切都显得富有诗意，引人遐思。数百年来巴黎一再发生震动欧洲和世界的伟大事件，这个城市经常走在历史潮流的前面。思绪渐渐又回到正站立的铁塔上来。遥想90年前，这里的人民多么敢想敢做，他们硬是突破由来已久的传统建筑观念，竟然接受一座赤裸裸的铁结构来纪念伟大的法国大革命一百周年。在那个仿古主义盛行之际，这种做法实在是一次离经叛道的大胆举动。无怪乎这铁塔一出现，就使大批卫道者感到痛心疾首。当时极负盛名的英国评论家莫里斯挖苦地表示，他到巴黎反而只愿意待在铁塔底下，为的是不让那到处都看得见的丑恶铁塔映入自己的眼帘。当时法国一批社会名流，其中包括莫泊桑，联名上书法国政府，要求尽快拆掉铁塔。然而铁塔留下来了。不但如此，铁塔反而一天天受到人们的钟爱，渐渐成了巴黎的象征。在旅行社的招贴画上，在航空公司的地图上，大角斗场代表罗马，英国议会大楼代表伦敦，埃菲尔铁塔就代表巴黎。如果有谁把 90 年来舆论对这座铁塔的评价编辑在一起，加以比较，作为建筑中的新事物怎样由遭人反对变成受人喜爱的一例，那将是很有意思的。

在埃菲尔铁塔之前，古埃及第四王朝兴建的胡夫金字塔高度达到 146.5 米，14—16 世纪建造的德国乌尔姆市哥特式教堂的塔尖达到 161 米，这都是极其了不起的。埃菲尔铁塔的建成，一下子使建筑物的高度达到 300 米以上，跨进了一大步。

铁塔有 12000 个构件，用 250 万个螺钉组接，总重 9000吨。把这么多的金属材料组成 300 米高的巨大结构，有效地抗住巨大的风力，这是工程史上一件划时代的创举，表现了 19世纪结构科学和施工技术的伟大进步。铁塔因当年主持设计和施工的法国工程师埃菲尔而得名。他在建造这座铁塔以前，曾建造过欧洲许多著名铁桥，多年实践积累了丰富的经验，从而胜利地完成了这项伟大的工程。

埃菲尔铁塔建成之时，世界上实际使用的房屋没有超过15 层的，铁塔虽然还不是可以起居的高层建筑，但它的出现却向人们预示，应用金属结构可以大大增加房屋的高度。果然，两年以后，芝加哥建成 22 层的楼房；1898 年，纽约建成 26

层的大楼；1908 年，又出现高度为 187 米的 44 层高楼。1931
年，纽约帝国州大厦的高度达到 381 米，第一次超过了埃菲尔
铁塔。

现在每年有 400 万人登上埃菲尔铁塔。最近人们在讨论铁
塔是否还够坚固，研究着如何加固它。这是不难解决的。铁塔
当然还将长久地屹立在美丽的塞纳河畔。

工程师埃菲尔

巴黎铁塔因当年主持设计和施工的法国工程师埃菲尔
（Alexander Gustave Eiffel,1832—1923）而得名。埃菲尔 23
岁时从中央工艺和制造学院毕业，学的专业是金属建筑结构。
不久埃菲尔开设了自己的工程公司，从事实际建造工作。

事实上，最初的巴黎铁塔原图并非出自埃菲尔本人，而是
他公司的两名年轻人。1884 年 11 月，埃菲尔和两名年轻人签
订了协议，埃菲尔合法获得了署名权。

据研究，两位年轻人的构思很可能受到过他人的启发。在
埃菲尔铁塔之前十多年，一位美国工程师曾向 1876 年费城百
年博览会提交建造一座 1000 英尺高（304.8 米）的铁塔的方
案，但未被采纳。埃菲尔手下的两位年轻人极有可能从美国人
未实现的设计方案中得到了启发。

虽然最初创意并非埃菲尔本人，但可以说，如果没有埃
菲尔的参与和工作，巴黎铁塔是建造不起来的。为什么这样
说呢？因为这项高度宏伟、造型大胆创新的建筑之能够建成，
其关键在于，埃菲尔掌握了 19 世纪后期最新的结构科学知识，
能为工程项目做结构设计与计算。他是土木工程师队伍中新

出现的一种专业人员，即结构工程师。在建造巴黎铁塔之前，他是当时著名的桥梁工程师，曾建造过欧洲许多著名铁路桥梁。他也曾为一些建筑物设计金属结构的圆形屋顶，纽约自由女神像内的金属骨架也是由他设计和建造的。埃菲尔的多年实践积累了丰富的经验，从而胜利地完成了埃菲尔铁塔这项伟大的工程。

铁塔建成后，埃菲尔专注于气象学和空气动力学的研究，他在铁塔顶部安置气象仪器，研究气象。他还另建气象研究室。1906 年他第一个出版气象地图册，受到好评。铁塔后来又用于无线电通讯之用，铁塔的这些用途起了保护铁塔免于拆除的命运。埃菲尔于 1923 年去世。一举建成 300 米高的铁塔是他一生工作的光辉顶点。

（原载于《论现代西方建筑》，中国建筑工业出版社，1997, 有删改）

摩天楼的兴起

　　纽约市中心区曼哈顿岛的一些街道上，高大的楼房一个挨着一个，50 层、60 层、70 层以至上百层的建筑争先恐后地伸向天空，组成了高楼大厦的丛林。在下面，街道狭窄而昏暗，熙熙攘攘的人群和车流，在仿佛是钢铁水泥的峡谷之中缓缓移动。

　　美国许多大城市的中心区都有类似的景象。

　　按通常说法，30 层以上的楼房称作超高层建筑。从街道上仰视那高度异乎寻常的楼房上部，会觉得它们的顶端似乎插进了云层，因此，超高层建筑又被称作摩天楼。

一

　　超高层建筑最早出现在美国的芝加哥和纽约两地（图 1、图 2）。19 世纪末，第一次建成 30 层的房屋。1909 年出现了 50 层，1913 年出现了 60 层。第一次世界大战后，楼房层数继续上升。1931 年纽约帝国州大

图 1. 芝加哥家庭保险大楼（1884）

图2. 纽约早期高层建筑——熨斗大厦（1902）

厦（帝国州是纽约州的别名）的实用部分有85层，加上尖塔，号称102层，总高度为381米。当时世界别的地区很少有超过30层的建筑。

第二次世界大战以后，美国继续大量建造超高层建筑。1968年，芝加哥建成一座百层的楼房，高度344米。1973年，纽约的世界贸易中心达到110层，高411米。不久，芝加哥也建成110层的西尔斯大厦，它以443米的高度压过世界贸易中心。

古代曾有很多人幻想过耸入云霄的高楼大厦。但在19世纪以前，由于建筑材料和技术的限制，也由于当时的社会生活还没有使用高层建筑的实际需要，一般实用的房屋极少超过六七层。进入 19 世纪，情况发生了变化。在拥有数百万人口的大城市中，生产和社会生活要求规模巨大的房屋，需要提高建筑层数。19 世纪后期，钢铁产量增加很快，价格下降，从而可以大量用于建筑工程。钢和钢筋混凝土结构成为提高建筑层数的主要手段。

随着建筑层数的增加，人们又担心房屋重量太大，地层会发生变动。楼房高度增加到一定程度，风力成为突出的问题；在地震区，楼房抗震又是一个复杂的课题。建筑业的工人、工程师和科学家，通过长期的生产实践和科学研究，发展了建筑结构科学，在不到 100 年内，把楼房提高到 100 层以上。

楼层增长上去，必须有机械升降设备。早期使用的是蒸汽和水力的升降机（图 3），20 世纪初改用电梯（图 4）。现在快速电梯已能在 40 秒内把人送上 100 层的高度。随着层数增加，房屋的给水、排水、空气调节和安全设施等设备系统也越来越复杂。楼房向空中伸延，大量作业要在高空进行，增加了施工的复杂性。纽约的帝国州大厦总体积为 96 万立方米，用钢 58000 多吨，大楼总重量达 30 多万吨。它地处房屋稠密的闹市区，楼房本身把地段完全占满了，现场没有丝毫的空地。在 30 年代机械化水平不高的情况下，3500 名施工人员，用 19 个月建成这座大楼，平均 5 天一层，施工速度是比较快的。大楼建成后，因自身重量压缩了 0.16 米，楼顶在大风中偏离中心线约 0.06 米，不过对房屋和人没有不利影响。1945 年的一天，一架重型轰炸机在雾中撞到这座大楼的第 79 层，飞机坠

图 3. 1853 年奥蒂斯在纽约博览会上展示第一部电梯

毁,大楼外墙局部受损,一部电梯受震坠落,其他未有重大影响。

纽约世界贸易中心包括两座并立的方柱形 110 层楼房,方柱体边宽 63.5 米,直拔到 411 米的高度,外形极为简单。楼的外围有密置的钢柱,墙面由铝材和玻璃窗组成。每座楼的建筑面积约 40 多万平方米,用钢 78000 吨。设计和施工中应用了电子计算机,每座楼用 24 个月建成,施工人数平均 3500 人。整个世界贸易中心容纳 5 万工作人员,为了减少电梯数量,采用分段行驶的方式。到上部楼层去的人,先乘直达电梯到第 44 层或第 78 层,再换区间电梯到所达楼层。虽然如此,每座楼内的电梯仍有 108 部之多。

房屋所能达到的高度是建筑发展的重要标志之一。在这个意义上,百余层的大楼反映了美国建筑技术的先进水平。

二

建造超高层建筑要有必要的材料和技术手段。不过世界许多地方虽然具备了这样的条件和手段,却没有像美国那样大肆建造超高层建筑。美国之所以成为"摩天楼的国度",还有它特定的社会条件。

美国内地钢铁公司董事会的兰戴尔说:"再没有别的东西能比纽约、芝加哥、西雅图或旧金山的摩天楼群的形象,更具体地体现出美国人的一种经济观念,这种经济建立在私人的主动精神和偿付能力的基础上。"他又说:"我曾在黄昏时分从芝加哥湖上眺望那晚霞中的高楼大厦,展现在眼前的是自由企业的令人激动的景象。"兰戴尔的这番话说明了美国的超高层建筑丛林同它的经济制度的关系。

图 4. 1917 年怀特华斯大厦的电梯

图 5. 大通曼哈顿银行新楼

图6. 纽约洛克菲勒中心

　　美国建筑工人为建造超高层建筑付出了大量艰辛的劳动，丧失了许多生命，有一个时期甚至是"一层楼，一条命"。美国超高层建筑全是大银行、大公司的财产，其后是美国垄断财团和金融寡头。譬如，以第一个50层房屋闻名的大都会人寿保险公司大楼（1909年造）、由十几幢超高层建筑组成的纽约洛克菲勒中心（1940年造）（图6）、华尔街以豪华著称的大通曼哈顿银行新楼（1960年造）（图5）就都属于洛克菲勒财团。芝加哥那座110层的西尔斯大厦属于美国最大的百货公司——西尔斯·娄巴克公司。这家公司分号遍设12个国家，雇佣35万人员，其后是芝加哥财团。

从古至今，都有一些象征其权力的建筑形式。古代埃及的法老大造金字塔，国王们兴建宫殿，教皇盖大教堂，现代美国垄断资本家则大造超高层建筑。美国一些超高层建筑有"金元教堂""商业宫殿"之称，这些别称倒是点出了所谓"自由企业的令人激动的景象"的实质。

三

在现代城市中，为了节省用地，提高使用效率，需要增加建筑的层数。但并不是说楼房越高越好。层数增加到一定程度，不但造价激增，甚至也不能达到节省城市用地的目的。拿纽约曼哈顿区来说，城市规划研究表明，如果把那里的 76 个街区全部建成 36 层的楼房，在保持合理的卫生间距的情况下，所得到的建筑面积总量并不比全部建造 8 层楼更多。那么，纽约和芝加哥出现八九十层和上百层的超高层建筑，是不是因为那里的房屋都很高大，实在没有可用的地面了呢？也不是的。仍以曼哈顿来说，那里虽然是世界上高楼大厦最密的地方（图 7），但在高楼大厦的旁边，就是大片的低层房屋，还有房屋破败、亟待改建的贫民窟。整个曼哈顿区现有房屋的平均层数也不过 6 层多一些。

既然如此，为什么还要用巨额投资去建造三四百米高的楼房，把人送到半空中去呢？道理也很简单，这首先是出于资本家房产主追求利润的需要，即想要通过建房攫取最大利润，并为此而进行激烈的竞争和投机活动。

马克思曾经记述过 1857 年伦敦一个房屋建造者的证词："我相信，一个人要在这个世界上立足，单靠牢靠的事业是不

图 7.　曼哈顿鸟瞰

行的……他还一定要进行投机的建筑，并且大规模地进行这种建筑。"20 世纪初，纽约大房产商布莱克用几个字概括了他的生意经，就是房子要盖得"大些再大些"。地皮有限，上空无限，"大些再大些"同时意味着"高些再高些"。

具体说来，有 3 个方面的因素促使资本家把楼房造得更高更大：一是地租的投机；二是房屋出租中的竞争；三是建筑的广告效用。

美国的超高层建筑几乎全都集中在市中心的少数地段，纽约的华尔街、百老汇街、五号大街、花园大街等就是这样的地方。这些街道是最重要最繁华的金融中心、保险业中心和商业中心所在，每个大银行大公司都争着要到这些街道的两侧取得一席之地。几十年来，他们不断把这些地方原有的可以使用的几十层楼房推倒，再建新的更高大的楼房。在繁华街道上，建造起高大的新摩天楼，地皮的价值随之大幅度上涨，资本家从级差地租中获得额外利润。

一座数十层的高楼，面积常达几万至几十万平方米，其中大部分供出租。1955 年纽约的调查表明，41 层以上高楼的租金比 10—20 层的高出 26％，房产主净收入高 25.8％。楼房越高大，利润就越丰厚。另外，美国城市中的出租办公楼经常过剩，一般时期空房率在 5％—10％之间，危机时期上升到 20％—

图 8.　工人在建筑帝国州大厦，背景可见克莱斯勒大楼

30%。大量空房的存在，使房产主之间存在激烈的出租竞争。新造的超高层建筑名声响亮，设备先进，有更大的竞争力，能把原有高楼大厦里的房客吸引过来。每一座新的超高层建筑建成后，房屋市场上就出现一阵波动，旧超高层建筑相形见绌，租金下跌。这是刺激房产主不断新建更大更高摩天楼的一个重要原因。几十年来，代表现有房产主的"美国房产主与经理人协会"不断警告楼房过剩，一再指责美国许多超高层建筑是"无用的纪念碑"，要求政府出面限制新建筑楼房，可是作用甚微，出租市场上的竞争一再白热化。洛克菲勒家族一举建成有10 多幢楼房的洛克菲勒中心，从设计开始就把吸引房客作为最高的原则。建成以后，采用了形形色色的"出租战略"，其中包括由洛克菲勒兄弟们亲自出马，在大楼里举办各种活动，"用活动制造新闻，用新闻吸引公众注目，从公众注目中招徕房客"。即使如此，在1929年资本主义经济危机的影响下，洛克菲勒中心建成后第六年，仍有40％的面积空置。帝国州大厦（图8）建成后18年才算把全部房子租出去。新的世界贸易中心建成后，也是长期有一部分面积空置。

美国是广告社会，建筑当然也不例外。玻璃公司建玻璃大楼，钢铁公司造不锈钢大楼，都起着推销产品的作用。制造肥皂洗涤剂的利华公司，在50年代初第一个建成通体玻璃的板式楼房，并有意减少了建筑体积。这一举动，吸引了许多人的注意，长期引来大量参观者，公司产品的销路也随之大增，公司经理得意地说："这个大楼设计起了霓虹灯广告的作用"。不难想象，世界最大或最高建筑的称号就有更大的广告效用了。几十年来，大都会人寿保险公司、沃尔华斯商业公司（图9）、胜家缝纫机公司（图10）、克莱斯勒汽车公司以及世界贸易中心和西尔斯·娄巴克公司，都因一度拥有世界最高的超高层建筑而扬名全球。当年沃尔华斯公司的经理曾赞叹他那座楼房是"不花一文钱的特大广告牌"。楼越高，名越大，利越多，所以那些最大的公司银行总是争着把世界最高最大建筑的桂冠夺到自己手中。

马克思在《雇佣劳动与资本》中写了下面这样一段话：

一座小房子不管怎样小，在周围的房屋都是这样小的时候，它是能满足社会对住房的一切要求的。但是，一旦在这座小房子近旁耸立起一座宫殿，这座小房子就缩成可怜的茅舍模样了。这

图9. 沃尔华斯商业公司（1913）

图 10. 纽约胜家公司大楼（1908）

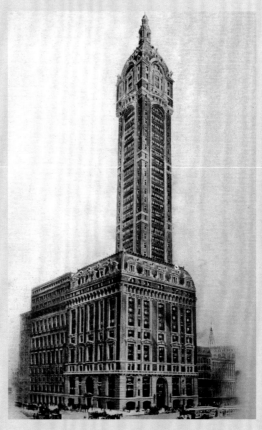

时，狭小的房子证明它的居住者毫不讲究或者要求很低；并且，不管小房子的规模怎样随着文明的进步而扩大起来，但是，只要近旁的宫殿以同样的或更大的程度扩大起来，那么较小房子的居住者就会在那四壁之内越发觉得不舒适，越发不满意，越发被人轻视。

对于美国的超高层建筑来说，这个生动的分析是再切合不过了。110 层的超高层建筑已经耸立在近旁，其他高楼大厦的房主和房客又一次落入不舒适、不满意和被人轻视的地位。有资格竞争的大银行大公司是不会长久忍受的，他们之中一定有人要出来一争高低。有消息说帝国州大厦的原设计单位已经拟制方案，建议在它的顶上再加建楼层，准备以 455 米的总高度，再夺回世界最高建筑的称号。建筑高度的竞赛是波浪式进行的，技术上既有可能，到一定时机，即某个财团认定实际有利可图时，比现在更高的超高层建筑就会建造起来。

四

人们对美国的超高层建筑发表过很多意见。近几年，怀疑和反对的声浪再度高涨。许多人指出，层数过高，建筑造价太昂贵，能源耗费太多；几万人集中在一幢楼里，经常造成楼内交通紧张；如果停电断水，就会出现许多问题；而一旦发生火灾，救援困难，后果极为严重。前不久，美国还出了以超高层建筑着火为题材的电影，把火灾中的超高层建筑描绘成"摩天地狱"，等等。

这都是存在的问题。不过一些技术性的问题随着科学技术的进步可以得到改进和克服。另外一些弊病是同社会制度联系在一起的。譬如，美国城市高度密集的超高层建筑给市中心区带来高度集中的人流和车流，交通和停车成了极严重的问题；街道上和高楼大厦的背后，大片面积照不到阳光，环境条件不断恶化，超高层建筑越建越多，城市衰败地区和贫民窟也越来越多。有些建筑家和城市规划工作者曾经希望用超高层建筑来改善美国城市的混乱局面，但结果反而加深了混乱。症结不在于超高层建筑形式本身，而在于垄断资本支配下对这种建筑形式的运用，在于房产主的自私自利、以邻为壑的本性。有些人对资本家感到失望，转而希望政府通过法律加以约束和限制，但希望仍然落空。因为"个别资本家不愿意做的事情，他们的国家也不愿意做"。在现实面前，美国著名评论家曼佛也认识到，若没有广泛的制度变革，美国城市空间的改造是不可能实现的。

现在我们可以看出，美国的超高层建筑一方面表现了它的建筑技术的先进水平，另一方面又反映着美国垄断资本主义的高度发展。超高层建筑在美国最先出现，数量最多，同美国最早成为高度发展的垄断资本主义国家紧密相关。

在我们的现代化城市中，也要提高建筑的层数，也将建造一些超高层建筑，我们要从人民的利益出发，按照城市建设的全面规划，有计划地在适当地点建造必要的高层和超高层建筑。我们要认真全面地了解和研究包括美国超高层建筑在内的外国建筑经验，吸取有用的东西，特别是其中的科学技术成就，作为我们建设时的参考和借鉴。

（原载于《论现代西方建筑》，中国建筑工业出版社，1997）

纽约世界贸易中心大厦

    2001 年，美国东部时间 9 月 11 日，星期二，一个初秋的早晨，纽约万里无云，风和日丽，人们开始上班。一架飞机在纽约曼哈顿区上空降低高度，在密集的高楼大厦上面呼啸而过。飞行管制中心听到飞机上一位空姐的喊声："我的上帝！我看到了河水和楼房……哦，上帝！"飞机迅即从雷达屏幕上消失了。

    纽约世界贸易中心有南北两座高楼。8 点 45 分，巨大的波音 767 飞机以时速 630 公里的速度撞破北楼第 96 层的北墙面，冲进楼内。燃油喷泻出来，立即引起爆炸。在撞击点附近的人立即毙命，在喷薄的烈焰中刹那间蒸发得无影无踪。楼梯间破坏了，待在 96 层以上的人全部没有逃生的机会。北楼遭攻击 18 分钟后，另一架被劫持的波音 767 飞机，于 9 点 03 分冲进南楼的第 81 层，也立即引发大火和爆炸。中心地区浓烟滚滚，爆裂倒塌声不断，建筑物的碎块、玻璃杂物、幸存者和死者躯体四处抛撒。南楼先坍塌，北楼接着垮了。在那个初秋的早晨，纽约世界贸易中心两座亮丽的 110 层大楼消失了，留下 120 万吨重的残体碎片（图 1）。

2002 年 1 月 5 日，纽约市政府宣布"9·11 事件"世贸大厦的遇难人数为 2895 人。为了救援大楼中的人，纽约有343 名消防员和警察献出了生命，纽约市消防局领导层的人员大部分遇难。

1962 年的一天，日裔美国建筑师雅马萨奇收到纽约市新泽西州港务局寄给他的一封信，询问他可愿承担一项建筑设计任务，那个建筑项目预定投资额为 2.8 亿美元。雅马萨奇的第一个反应是款额巨大，询问是否款数多写了一个零。对方回答无误后，雅马萨奇继而又想工程规模那样大，自己的事务所很小，美国有那么多大建筑事务所，人员多达数百名，怎么没去

图 1. 世界贸易中心被毁后的纪念碑，在原地基上做出向地下陷入的喷泉

找他们呢?

纽约市与新泽西州隔河相望,合设一个港务局,它们早就计划在纽约建造一个综合性的世界贸易中心,以振兴纽约州和新泽西州的外贸事业。中心里面将有美国和世界各国的进出口公司、轮船公司、货运公司、报关行、保险公司、银行以及商品检验人员、经纪人等租用的营业和办公房间。各行各业的商贸人员将能在这里方便地获取信息,面对面地商谈业务,迅速交易。中心里还有多种服务设施如购物中心、旅馆、餐馆等等。中心里工作的人员超过 3.5 万名,加上来此办事、购物、参观的人,每天要容纳近 10 万人活动,建筑面积总共达 120 万平方米。

港务局方面在物色建筑师时十分慎重,他们已对 40 多家建筑事务所做了深入调查,详细比较,最后才决定聘雅马萨奇为总建筑师。

雅马萨奇用了一年时间进行调查研究和准备方案,前后共提出 100 多个方案,雅马萨奇说他们做到第 40 个方案时思考已经成熟,其后的 60 多个方案是为了验证和比较而做的(图 2)。

世界贸易中心位于纽约市曼哈顿岛南端西边,在哈德逊河岸上(图 3)。

这一带是纽约市最初发展的地点,著名的华尔街就在近旁。中心用地面积为 7.6 万平方米,由原来 14 块小街区合并而成。原有房屋没有保存价值,全被拆除。雅马萨奇在这块略成方形的地段中布置了 6 幢房屋,最高的两幢各为 110 层,其余有两座 9 层高层建筑,一座海关大楼和一座旅馆。楼房沿边布置,中心留作广场(图 4)。

图 2. 雅马萨奇与世贸中心模型

图 3. 原世贸中心设计图

世界上原来最高的摩天楼是纽约的帝国州大厦（图5），主体85层，加上顶部的塔楼共102层，是20世纪30年代完成的。以后，它的高度一直没有被超过，直到雅马萨奇设计的这两座110层的世贸中心大楼建成。在1961年，有人为世界贸易中心制定过72层的方案，雅马萨奇接手以后，认为世界贸易中心的"基本问题……是寻找一个美丽动人的形式和轮廓线，既适合下曼哈顿区的景观，又符合世界贸易中心的重要地位"。

雅马萨奇和他的助手为了确定未来大楼的高度，反复去观察帝国州大厦的视觉效果，结论是再增加些高度并无问题。对普通人来说，40层和100层没有很大差别，关键在于建筑的细部尺度，尤其是靠近人的底部的尺度，如果与人体和人的视觉经验有所联系，就不至于使人感到自己如同蝼蚁，如果大楼下部做得空灵一些，也不会产生对人的压迫感。另外，还要设

图4. 原世贸中心中心广场设计图

图 5. 帝国州大厦夜景

法提供让人能看见建筑物全貌的角度和位置。雅马萨奇说，人既然能够建造摩天楼，人也能理解摩天楼。

纽约曼哈顿岛南部，即下曼哈顿区，三面环水，高楼林立，一幢紧接一幢，远处看去，那里的高楼大厦好似一片水上丛林，是美国城市的奇特景观之一，有人厌恶那杂乱无章的景象，另一些人又非常喜爱它。雅马萨奇属于后一种人。他认为曼哈顿还可以再建高楼，他说当年纽约建造伍尔沃斯大楼、洛克菲勒中心、克莱斯勒大厦以及帝国州大厦时，每次都打破原有的轮廓线，每次都遭到许多人的抨击，但后来人们却喜欢上这些大楼和新的天际轮廓线。雅马萨奇指出，从 20 世纪 30 年代经济大萧条时期到 60 年代，很长的时期中，纽约没有出现破纪录的高楼，人们的观念也僵化了。他认为城市本不是静态的实体，城市应该是动态的，那才表现出生气。他认为"新建筑连续出现才使得曼哈顿成为有独特性的令人兴奋的城市中心"。他也预料世界贸易中心的 110 层大楼不会长久保持"世界最高"的称号。实际上纽约世界贸易中心建成一年后，芝加哥的西尔斯大厦在高度上就超过了纽约世界贸易中心，尽管它的层数也是 110 层。

世界贸易中心两幢 110 层的高楼体形完全一样。它们的平面都是同样大的正方形，每边长 63.5 米，地面以上高 435 米（一般说 405 米或 412 米）。如果把两楼合起来，做成一个层数更多的，例如 150 层的大楼，在技术上完全办得到，但雅马萨奇做了两幢一模一样的大楼，两者不远不近地并肩而立，楼的高度与宽度之比都是 7∶1，从下而上笔直挺立，没有变化。这两座楼成双成对，若即若离，好似亭亭玉立的一对双胞胎姐妹。这样的"姊妹楼"的构思是不是透露出东方人的审美情趣呢（图 6）？

世界贸易中心 110 层大楼的结构有许多创新之处。20 世纪 50—60 年代，高层建筑的趋势是外墙不承重，所以称为幕墙。那些年美国幕墙大楼上的玻璃窗愈来愈大，有些看起来就像全用玻璃造成的大楼。但雅马萨奇设计的世界贸易中心双塔楼与它们都不相同，他采用外墙承重的方式，不过与早先的承重外墙不一样，世界贸易中心的外墙排列着很密的柱子，每根

图 6. 雅马萨奇设计的世界贸易中心

柱子宽45.7厘米，相邻两根柱子距离只有55.8厘米。钢柱包裹着防火材料，表面为铝板。密集的外柱连同每一层的横梁，构成密密的栅栏，四面合起来等于是竖立的带有许多细缝隙（大楼的窄窗）的高大的钢制的方形管筒（图7）。大楼内的中心部分，由下到上，也是用钢结构做成的管筒，里面安设电梯、楼梯、设备管道和服务房间等等。内外管筒之间，每一层都用钢桁架连接，各层的楼板即由钢桁架支承。世界贸易中心大楼这样的结构体系被称为"管中管"式的"套筒结构"（tube in tube）（图8），它能抵抗巨大的水平推力，这一点对超高层建筑物来说有决定性意义，因为超高层建筑要抵抗强大的风力（图9）。世贸中心的结构体系比纽约帝国州大厦那样的老式摩天楼更坚固、更轻、更柔韧、更有效。拿用钢量来比较，20世纪30年代造的纽约帝国州大厦每平方米用钢量为207公斤，20世纪60年代造的纽约曼哈顿大通银行大楼（60层）为

图7. 原世贸中心钢管生产过程

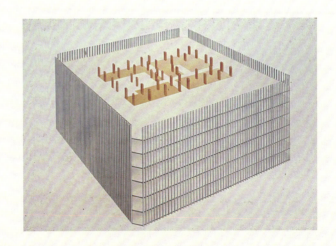

图 8. 原世贸中心结构设计图

图 9. 原世贸中心受力分析图

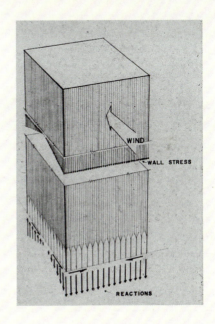

220 公斤，世界贸易中心大楼层数比它们多，而用钢量为 178 公斤。

世界贸易中心规模庞大，层数增多，上下交通是一个大问题。如果采用一般的电梯布置方式，电梯井的数目很多，占去空间太大。为此，世贸中心大楼在高层上划分为 3 个区段，将第 44 层和第 78 层辟为电梯转乘之处，称为空中大厅。大楼中有一些电梯从底层分别直达第 110 层、第 78 层和第 44 层。其余的电梯分别行驶于 3 个区段之内。所以在世界贸易中心大楼，从底层到第 44 层、第 78 层及第 110 层可以乘直达电梯一次到达，去 44 层以上的其他各层的人，需要换一次电梯。如要去第 88 层的人，先在底层乘快速电梯到第 78 层空中大厅，在那里换乘区内电梯到达第 88 层。这种方式可能对初次去的人多一点点麻烦，但是由于在一部分电梯井筒中同时容纳 3 个电梯分段行驶，因而节省了电梯井的数目，减少投资，而且快速直达电梯可以节省时间。即便这样每个大楼都装有 108 部电梯。

为了减少人们在高层建筑上容易产生的恐高症，雅马萨奇一贯主张在高层建筑上开窄窗。世界贸易中心大楼外墙上开细窄窗子的做法，使外墙的玻璃面积只占表面总面积的 30%，远低于当时的大玻璃或全玻璃高层建筑。因为柱子很密，窗子极窄，所以在世贸中心大楼上的人，没有"高处恐惧感"。由于玻璃窗不大，在世界贸易中心高层办公室中，人们时常感觉不出已经置身于距地二三百米的半空之中。

世界贸易中心大楼的柱子，窗下墙以及其他表面都覆以特制的银色的铝板（图 10）。由于玻璃面积比率小，而且窄窗后凹，所以从外部望去，玻璃的印象很不突出，看过去最显著的是一道道向上的密集的银色柱线。从稍微斜一点的角度看过去，

图 10. 世贸中心富有特色的三叉戟银柱

甚至完全看不到玻璃面，大楼好像是全金属的。阴云天气，两座大楼呈现为银灰色，色调谦和；太阳光下，洁白鲜亮，熠熠闪光；黄昏夕照之下，两座大楼随着彩霞的色彩，慢慢转换光色；而从赫德逊河上望去，直如神话中的琼楼玉宇，引人遐思，惊叹 20 世纪人类的建筑本领达到了怎样的高度！

人们对纽约世界贸易中心有不同的评价。有人赞美它是商业活动的一大成功，但也有人认为那两座 110 层的摩天楼是"摩天地狱"。对于这样一个庞大的建筑项目，人们从不同角度给予不同的和相反的评价是很自然的。不论怎样，雅马萨奇作为一名建筑师，能够被挑选出来担任如此巨大、如此显要的建筑项目的总建筑师，是他个人的一项殊荣，表示着他的建筑生涯的成功，表示着他得到社会公众的承认。

两座 110 层的大楼 1966 年开工，1971 年 12 月北楼扣顶，1972 年 7 月南楼扣顶。每楼施工时间为 24 个月。它们屹立在世界大都会纽约的南头，西面是赫德逊河。在"9·11 事件"前，它们是纽约市最高的建筑。芝加哥的西尔斯大厦虽然比它们稍稍高一点，但是从位置看，从担负的任务看，以及从建筑本身的形象看，人们认为纽约世界贸易中心的双塔比芝加哥西尔斯大楼更胜一筹。

在纽约曼哈顿岛上数不清的高楼大厦之中，这两个方形塔楼不但是最高的，而且由于造型特殊，明丽秀雅，是纽约市一处令人一见难忘、留下愉悦印象的非常成功的标志性建筑（图11）。

图 11．　**重建的世界贸易中心主楼（ONE WTC）**

巴黎瑞士学生楼

　　飞机从米兰起飞，越过夏日尚有积雪的阿尔卑斯山脉，就到了绿色的法兰西平原的上空，不一会儿，就降落在巴黎南面的奥利机场。

　　欧洲经济共同体各国之间的班机都使用奥利机场，飞机接二连三地起飞和降落。虽然如此，航站楼里面却秩序井然。进出国境行李都免检，对于外国人也只要看一下护照而已。

　　离开机场后，汽车沿着高速公路向巴黎市区疾驶。田野、森林、村镇、工厂都沐浴在初夏明媚的阳光之中，到处是一种懒洋洋而又欢快的气氛。进入市区后，经过数不清的道路转折，汽车停到巴黎中心区卢森堡公园旁边的一条小街上。

　　巴黎的大街宽而直，两旁多是六七层的楼房，旧有建筑大都是浅黄、淡灰一类的墙面，有的是石料本色，但更多的是砖墙抹灰，配上葱绿的行道树，显出明快淡雅的情调。意大利的城市，特别是罗马，则是另外一种色调，建筑物颜色浓重，连树木都绿得发黑，给人以深沉苍劲的印象。

巴黎是世界上数一数二的繁华都市，人称"花都"。去之前，我料想这里的街道必定是摩肩接踵，车喧马闹。可是走过几条街道以后，发现并非想象的那样喧闹。大街上车辆诚然不少，但很少听见喇叭声；行人也不少，但人行道并不拥挤。一般商店里货物充斥，顾客却不踊跃，所以相对说来，还是挺清静的。我想自己初来乍到，准是没有碰到最繁华的场面。后来几天，到过了香榭丽舍大道、巴黎歌剧院和欧洲最高的建筑蒙派那斯大厦附近，以及协和广场和几个火车站广场，还有那著名的德方斯区，发现这些地方也并非人山人海，同北京王府井和上海南京路相比，还是小巫见大巫。据说巴黎某些街道夜间比白天热闹，我没有亲见。不论怎样，在印象中，巴黎总的说来不是一个拥塞忙乱的城市。如果到公园、绿地、塞纳河畔或次要的街道广场上散步，还会觉得巴黎是一个相当清静悠闲的地方。

我要去参观勒·柯布西耶在 20 世纪 30 年代初期设计的巴黎瑞士学生楼。可是只知道在大学城，没有具体地址。问长住巴黎的同志，他们连这个学生楼的名称都未听说过，更不用说地点了。查一查巴黎导游也无此名目。好在地铁交通图上有大学城站，于是决定到了那儿再打听，准备走一些冤枉路。

勒·柯布西耶是 20 世纪世界上最重要的建筑师之一，原籍瑞士，后来定居法国，入法国籍。他是 20 年代欧洲新建筑运动的最重要的代表人物和带头人，他的建筑观点和建筑创作对 20 世纪的建筑产生过极大的影响。瑞士学生楼建造于1930—1932 年，是他早期的有代表性的设计作品之一。

这天清晨，雨丝儿飘飘洒洒，穿过卢森堡公园，到公园东大门下地铁，乘南去的列车往大学城，这天是星期六休息日。每逢星期六和星期日，巴黎街上的行人和车辆显著减少，这天又是下雨，格外冷清。地铁车上也没有几个人。我一路紧盯着沿途的地名，害怕误站。不料到了大学城站，车却不停。才知道这是一趟通向远郊区的列车。方向是对的，车次却错了。一个人在异国，人生地不熟，一不留神就会出这类差错。无奈，只得任它把我带往远处。列车驶出地面后，在郊外火车道上疾驶，车窗外面已是乡村景色。好不容易列车在一个小站停住，赶紧跳下来，等了一阵，换上一班驶往巴黎的列车，折腾一番，才到达大学城。

所谓大学城，现在只是一个地名，并没有城墙边界，位于巴黎市区的南缘，地铁车在这里已经钻出地面。出了车站，赶紧打听瑞士学生楼。一位老者说就在马路对面。走进一处学校大门模样的入口，迎面是几幢老式楼房围成的雅致庭院，挂着管理处和邮政所之类的牌子。知道没有走错，就径直往里进，也没有人来查问。绕过这几幢楼房，面前是一片公园般的广阔园林，绿草如茵，浓荫似盖，鸟语悠悠。在这样的环境中，远远近近布列着一些不同式样的楼房，是学生宿舍和饭厅等等。这里的小路曲折自然，路面上垫着细砂，走在上面又轻柔又安静。这时节巴黎各大学已放暑假，学生大多离开了，所以这个住宿区里静悄悄地，很少人影。大概因为地方很大，碰见的几个年轻人都说不清瑞士学生楼的具体位置。后来还是一位须发皆白的老翁知道详情，他了解我的来意以后，热心地把我引到这所房子的跟前。

这里的学生宿舍楼有不少是各个国家为自己的留法学生建

造的。在瑞士楼的周围就有丹麦楼、瑞典楼、日本楼等，各有不同的建筑风格。那日本楼带有大屋顶，十分突出。非洲国家的楼房形式比较摩登，看来建造得比较晚。我从前看瑞士学生楼兴建时的图，楼的附近一片荒芜，既少房屋，也无大树。现在，时过境迁，周围已经大大变样。正因为这样，我刚一看见瑞士学生楼时，第一个感觉是它不如我预想的高大，但样子还是原来的，没有改动。因为维护得好，看上去好像建成不过 10 多年。

1927 年，勒·柯布西耶曾经提出一个声明，叫作"新建筑的五项要点"：（1）房屋架在柱墩上（底层敞通）；（2）屋顶庭园；（3）自由平面；（4）连续长窗；（5）自由立面。

这 5 点在瑞士学生楼的设计中都体现出来（图 1）。学生楼主体是一个 5 层的长方体，长 40 多米，高 16 米，宽 7 米多，底层敞开，只有一列钢筋混凝土的柱墩，没有墙壁。第二、三、四层是学生住室，单面走道，每层 15 间，全部朝南（图 2）。顶层有屋顶庭院和少量住房。底层以上采用轻型钢结构，内墙采用夹有隔声材料的轻隔断，室外墙面饰天然石板。学生住室的南墙全部是玻璃窗，在立面上形成一大片玻璃墙，是第二次世界大战后流行起来的幕墙的先声（图 3）。

楼梯、电梯和厕所从主体中分离出来，形成一个单独的体量，接附在楼房的北面。楼梯段本身是斜方形的，因而楼梯间的北墙顺势弯曲。学生楼的门厅、阅览室、办公室等布置在楼梯间的脚下，形成一片不规则形的单层建筑。它的北墙也顺势做成弧形，是一片弯曲的虎皮石墙。这两片弯曲的墙面，一个高耸狭长，一个横向舒展，给整个建筑添加了变化，使建筑物的轮廓、光影和体形变得生动活泼。所费不多，而效果显著，

图 1.　巴黎瑞士学生宿舍楼

图 2.　巴黎瑞士学生宿舍楼平面

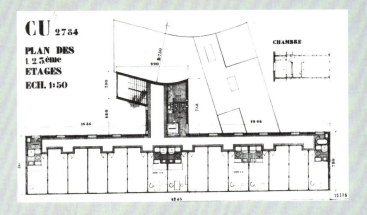

图3. 瑞士学生宿舍楼正面

是建筑处理上很成功的一着。

对于柯布西耶所提倡的把建筑底层敞开留出柱墩的办法，我们过去有许多怀疑，甚而讥之为"鸡腿"（这当然是指较细的柱子）。主要怀疑之点在于损失了使用面积，这是对的。不过，经济与否是看条件的。在经济许可的条件下，把底层空出来有时还是合理的。譬如，比起在大楼底下修筑地下车库就要经济些，也更方便些。就瑞士学生楼而言，这个开敞的底层等于是入口处的柱廊或雨罩，可以停放不少车辆。这地方也是一个可供休息的敞廊。从观赏的角度看，这种处理方式可以避免大楼房把优美的园林风景阻绝。柯布西耶当年提出把房屋架立在柱子上，就是考虑让室外空间连续不断。现在从瑞士楼的南边透过柱墩可以望见北面的建筑和庭园花木，反之亦然，其作用很像中国园林的廊子。我们过去对某些外国建筑手法贴以标签，嗤之以鼻，是太简单化了。

外部观览已毕，我推开底层旁边的一扇玻璃门，踅将进去，只听见悠扬的钢琴声，却不见人影。门厅内部的空间紧凑而有变化。繁简得体，可以称得上是小巧玲珑，曲折有致。虽然是半个世纪前的设计，可是今天看来，还是具有极高的水平。规模不大，材料平凡，但比之今天许多轰动一时的建筑作品，却更加耐人寻味，令人惊喜，不愧为一代大师的手笔。再往里走，又推开一扇玻璃门，进入阅览室，这才发现两位男青年，一个翻报，一个弹琴。他们见一个中国人闯进来，并不表示奇怪。寒暄之下，知道一位是瑞士人，住在此楼，另一位是瑞典人，住另一楼里。我表示想看看房间，他们即起身引我上楼到自己的房间里去。这住室约十六七平方米，有个小淋浴间，房中立一柜子，兼作屏风。摆一单人床，一书桌，几把椅子。谈话中了解到他们一个学政治经济学，一个学法律，他们白日多在课堂和图书馆，晚间才回来，所以陈设很简单。谈到中国，都说等到有钱定要去那个奇异的地方旅游。两位青年态度诚挚，很有教养，令人高兴。

又下雨了，四周一片静寂。我踏着潮润的细砂，再次绕楼一圈。遥想半个世纪前，此楼兴建的时候，新建筑运动在西欧蓬勃兴起，但建筑界的保守势力还很强大。勒·柯布西耶40多岁，才思敏捷，风华正茂，但他提出的公共建筑设计方案，屡次遭到拒绝。1929年国际联盟设计竞赛中，柯布西耶的方案尽管经济合理，只因建筑风格的分歧，被当局排斥。长时期中，他只能得到一些私家住宅的任务。瑞士学生楼是他第一次有机会真正建造的公共建筑。他不仅把多年探索创造的新颖建筑手法用于其中，同时还在结构、构造和施工方面进行实验，试用"干式"施工技术，所有这些尝试都是在阻力重重的情况下进行的。1934 年，他在一篇引言中叙述他的艰辛时写道：

> 欧洲继续向我们开火（平心静气地说，他们也攻击我本人）。正是那些拥有巨大既得利益的人，为保持他们的地位，避免损失，而向我们进攻……他们什么手段都用上了。石矿辛迪加老板、砖瓦石料制造商、细木作和白铁业的巨头发起攻击，什么谣言秽言都造得出来。我们被描写成不要祖国，不要家庭，否定艺术，糟蹋自然的坏蛋，被说成是没有灵魂的畜生。由于我们按照自然的要求去满足社会的需要，我们被骂成是唯物论者。由于瑞士学生楼阅览室墙上的大幅照相壁画，《洛桑日报》指责我们是"教唆犯"，引诱大学青年道德败坏。[1]

对于保守派的攻击，柯布西耶向来针锋相对，坚决斗争。1933 年，即瑞士学生楼建成的次年，有人著书《建筑不是在走向死亡吗？》攻击新建筑运动，柯布西耶立即回敬道：

> （他）在说昏话。请放心，建筑死不了，它在健康地发展。新时代的建筑刚刚诞生，前途光明。它无求于你，只请少来打搅。[2]

从这些记载中，我们可以想见当年欧洲建筑界新旧两派鏖

1 *Le Corbusier*,1929—1934,p.16.
2 *Le Corbusier*,1929—1934,p.17.

战之急、唇枪舌剑的情景。

　　瑞士学生楼建成至今，已经历 49 个寒暑。第二次世界大战中，德国人曾在楼顶上架设高射炮，开炮的震动损坏了此楼，但结构无大伤害。1950 年大修一次，柯布西耶特做一幅壁画，代替残破的图装饰。前面提到，这座建筑现在十分完好，毫不显旧。更有意义的是，它的许多建筑处理手法至今还很有生命力。把高层建筑同附属的低层建筑配置在一起，充分利用高与低、规则与变化、直线与曲线、平面与曲面、轻巧与厚重、机械感与雕塑感之间的对比效果，来增加建筑体形的生动性，都是十分成功的。这种建筑构图手法符合现代大型办公楼、旅馆、高层住宅的功能和结构特点，因而不胫而走，被广泛运用。瑞士学生楼的总面积不足 2400 平方米，主体部分体量并不高大。1936 年，柯布西耶参加巴西教育卫生大厦设计时，把 17 层的板式楼房同低矮的曲面形的附属礼堂配置在一起，进一步发展了这种对比的构图手法。第二次世界大战后建造的纽约联合国大厦、巴西新议会大厦，都是采用这种手法的著名例子。抚今思昔，巴黎大学城这座小小的瑞士学生楼，在现代建筑发展史上确是一个颇有意义的作品。

（原载于《论现代西方建筑》，中国建筑工业出版社，1997，有删减）

纽约联合国总部建筑群

政府性建筑，包括过去的宫殿、衙署，今天的总统府、国会、各级政府机关在内，本身有复杂的使用功能。不过在建造的时候，国王、皇帝们，总统、主席们，省长、市长们大多有一个共同点：即不把实际使用需求和造价放在首位，而是非常重视政府性建筑的外观形象，把它们看成重要的形象工程。

政府性建筑，除少数例外，大都位于一定地域的主要轴线上，建筑本身体形惯用左右对称、突出中央、主从有序的建筑构图，使政府建筑有稳定、庄严、居中、权威之感，以唤起一般人对当局和掌权者的敬畏和服从。中国汉朝丞相萧何为汉高祖营造皇家建筑时，提出"非壮丽无以重威"的方针，实际上古今中外的掌权者都贯彻这个方针。

不同时代，不同地方，政府性建筑的布置与表情也有所不同。北京故宫是封建时期君主专制国家的中央政权所在地，封闭森严达于极点。比较下来，华盛顿的美国国会大厦及总统府（白宫）等政府性建筑比较开敞，形象比较舒缓。这里折射出封建的君主专制政体与近世民主政体性质上的差别。不过华盛顿的国会大厦与白宫仍继承古典的左右对称、突出中央的构图形式。

然而到 20 世纪中期，政府建筑终于出现了新的形象。

纽约联合国总部

1927 年，当时的国际组织"国际联盟"为建造总部征求建筑设计方案。总部建筑包括理事会、秘书处、部委办公室和一个 2600 座的大会堂及附属图书馆等，地址在日内瓦的湖滨。柯布西耶与合作者提出的设计方案，不拘泥于传统的格式，认真解决交通、内部联系、光线朝向、音响、视线、通风、停车等实际功能问题，努力使总部成为一个便捷有效的工作场所。柯布西耶设计了一个灵便的非对称的建筑群，建筑个体具有轻巧、新颖的面貌。然而，正因为这样，柯布西耶的方案引起了激烈的争论。革新派人士支持它，保守派人士反对它。评选团内部也争执不下，便从全部 377 个方案中选出包括柯布西耶方案在内的 9 个方案，提交国际联盟领导层裁夺。经过许多周折，最后，政治家们选出 4 个学院派建筑师的方案，由他们提出最后方案。

这个事件说明，到 20 世纪 20 年代，新派建筑师已开始在政府性建筑领域向传统建筑提出挑战，但无法取胜。

第二次世界大战之后，"联合国"成立。联合国接受美国国会的邀请，把总部设在美国，又接受了洛克菲勒财团捐赠的一块土地，它位于纽约东河岸边，南北长 457 米，东西长 183 米，面积 8.36 万平方米。

联合国总部建筑设计的负责人是美国建筑师哈里森与阿布拉莫维兹。另外又聘请中国、法国、苏联、英国、加拿大、巴西、瑞典、比利时、澳大利亚和乌拉圭共 10 国的 10 位著名建筑师为建筑顾问。法国的是柯布西耶，中国的是梁思成，巴西的是尼迈耶。

联合国总部分为 3 大块：联合国大会堂、联合国秘书处和联合国 3 个理事会（图 1）。设计工作于 1946 年开始，1947年 5 月确定建筑方案。1948 年秘书处大厦首先动工，当时预计有 3500 名工作人员在内办公，为了少占土地和便利各部的联系，建了一座 39 层的高楼。其平面为矩形，长 87.48 米，

图 1. 联合国总部建筑群

宽 21.95 米。从地面到最顶层高 165.8 米，直上直下，没有一点退凹和凸出，形成一个竖立着的砖块似的板片建筑。大厦主要的东西两面整个是蓝绿色玻璃幕墙，南、北两窄端为实墙，表面贴灰色大理石。地上部分为钢框架结构，楼层高 3.66 米，室内净空高 2.89 米。大厦的第 6、16、28、39 层为设备层。玻璃幕墙采用铝制窗框，固定在楼板边上。大厦总建筑面积约 8 万多平方米，其中建筑设备和服务用面积占总面积的 1/4。

联合国大会堂匍匐在秘书处大厦的北侧。体形大体呈长方形，大会堂的两边是凹进的弯曲墙面，层顶也是弯曲的凹面，于是会堂的前后两端有点像矩形喇叭口。屋顶上有一个小圆包，下面即大会堂正厅。正厅的室内装饰风格是现代派的，入口门厅不做吊顶，设备管线袒露在外。大会堂于 1952 年完工。

在秘书处大厦和大会堂的下方，是联合国安全理事会、经济与社会理事会及托管理事会 3 个部门的会场及办公室，它们面临着东河。原有的河滨路从建筑物下穿过。

总部前的空地称联合国广场，其余为绿地、停车场。广场地下有车库、印刷所等附属设施。

联合国总部是 20 世纪建造的世界议会性质的政治性建筑物。设计这样的建筑要解决许多复杂的功能问题。联合国总部本身有数千名工作人员，接纳大量来自世界各国各地区的代表、随员、新闻人员和参观者。代表开会时要有多种语言的同声翻译，要迅速向外界发送信息，及时印制文件。在 50 年代的技术条件下，一个代表每发言 1 小时，需要 400 小时的处理工作量。单是恰当地处理和组织各种各样的人流、物流、信息流，就是非常复杂的任务。古代建筑如希腊神庙和哥特式教堂，外观十分繁杂而内里空间及其功能却很单纯。这个联合国总部建筑，外形相当简单纯净，内部空间及功能却十分复杂。设想如果把联合国总部建筑的外壳揭开，就会看到它的内部相当复杂，有点像把钟表的外壳打开看到里面的机器一样。（图2、图3）

联合国总部建筑在20世纪50年代是十分新颖的。在它之前建成的议会建筑，如英国、法国、德国和美国的议院和国会，层数不太高，都是砖石砌体结构，墙体厚重，窗孔较小。联合国总部建筑与那些老议会完全异趣，它以高、轻、光、透取胜。它的大玻璃墙是光光的，石头墙面也是光光的一片，没有任何

图2. 联合国总部内部会议厅（1）

附加的装饰与雕刻。以前的议会建筑大都整齐对称，表情端庄。现在这个世界性议会却不然，它采取错落的、灵活的、不规则的布局，给人以平易、朴素、随和及务实的印象。例如，旧的政府性建筑主要入口处常有宽阔壮观的大台阶，显得那里的人和活动高高在上。联合国总部没有大台阶，大厦虽高而入口与地面齐平，平凡得很。

当年国际联盟拒斥柯布西耶的方案，20 年后，联合国礼聘柯布西耶为建筑顾问，他虽然不是联合国总部的设计负责人，

图3. 联合国总部内部会议厅（2）

但是他的建筑理念和他先前做的国联总部方案，对联合国总部建筑的影响是明显的。事情有如此大的变化，为什么呢？

并非柯布西耶变了，是世界变了。

从 20 年代末到 50 年代初，时间很短，但第二次世界大战这一非常事件，改变了世界范围内的社会文化心理，建筑风尚也因之有了显著的改变。除了其他因素，政治因素在这期间对建筑风尚的改变，特别是对这种世界性议会建筑风格的改变，起了关键性的作用。

大家知道，德国在 20 年代是现代主义建筑的中心之一。但德国的右翼保守势力始终反对现代主义。1933 年希特勒上台后，更敌视现代主义，包豪斯被迫解散。希特勒亲自提倡古典建筑样式，纳粹德国的政府建筑大都严肃呆板，带有肃杀之气，这是其一。其二，苏联在斯大林管理下，也极力排斥革命初期的前卫建筑思潮，提倡古典建筑样式。苏联的苏维埃宫建筑设计竞赛就是一例。其三，国际联盟当局在第二次世界大战来临之际，软弱颟顸，不起作用而终至溃散。建筑样式本来与它的失败无实际联系，但在人们的感觉中，还是不免将国联当局选择保守的建筑形式、排斥现代建筑与国联领导层的因循保守、颟顸无能联系起来了。

这样一来，在这个特定问题上，采用何种建筑样式便带上了政治色彩。法西斯、布尔什维克和国际联盟排斥现代建筑，美国则接纳从德国逃出的现代主义建筑代表人物，它以现代建筑的支持者自许。当第二次世界大战结束之际，现代建筑在美国大行其道之时，无法想象联合国组织会再造一个古典建筑样式的总部。即使联合国领导层中有人偏爱古典建筑，反对现代主义建筑，他也很难启齿，即便说出来也成不了气候。

图4. 联合国总部主楼

　　像联合国总部这样大规模的复杂的建筑物包含这样那样的缺点是不足为奇的，实际上也在所难免。但有些问题是很奇怪的，例如，秘书处大厦的两片大玻璃墙正好朝东和朝西。纽约夏天气温相当高，当时就有人指出，东边有大玻璃墙，西边也同样是大玻璃墙，岂非把常识都忘了吗？显然这种做法是为了形象，代价是高额的降温费。

　　对于联合国总部的建筑形象，落成之后毁誉参半。有人认为它是纽约最美的建筑之一，有人则感到失望。最多的批评意见是认为它的形式太抽象，不具纪念性。当时人们觉得它太新奇而产生陌生感。

无论人们怎样评价，重要的是在 50 年代初，联合国总部采用这样的形式，表明现代主义建筑除了在商业性实用性的建筑类型中大行其道之外，又扩大到保守性最强的政治性、纪念性建筑领域。

密斯与巴塞罗那世博会
德国馆

密斯·凡·德·罗

1928 年，一位德国建筑师讲了一句话，即：“Less is more.”

他认为这是建筑处理的一项原则。这个短语在中文中可译成三个字：“少即多。”意思相当于我们的“以一当十”或“以少胜多”。自此，“少即多”成了一句名言，很快在全世界的建筑师中流传开来。七十多年来常被业内人士挂在嘴边。

1929 年，这位建筑师为一个博览会设计了一座小建筑，里面空空的，只放了几只椅子和凳子，并无实用功能。博览会一闭幕，它就被拆掉了。这个亭子似的建筑只存在了 8 个月。然而当时拍摄的十几幅黑白照片，却影响了几代建筑师。

时光过去了半个多世纪，人们还难以割舍对它的怀念，在纪念原设计人百年诞辰时，人们又在原址，照原来的样子，认认真真地把它重造了起来。

1930 年，这位建筑师在危急时刻接任包豪斯的校长。左翼学生不欢迎他，说他是形式主义者，他对那些年轻人说："如果你遇到一对孪生姐妹，同样健康，同样聪明，同样富有，都能生孩子，但是其中一个丑，一个美，你娶哪个呢？"学生哑口无言。

讲这番话并设计了那座小建筑的人就是德国建筑师密斯，他是世界公认的 20 世纪的一位建筑巨匠。

密斯（图 1）的全名是路德维希·密斯·凡·德·罗（Ludwig Mies van der Rohe，1886—1970），他生于 1886 年，父亲是石匠。密斯 14 岁就跟随父亲摆弄石头，后来进入职业学校，两年后在营造厂做墙面装饰工作，能放足尺饰样。他19 岁时到柏林跟从建造木构房屋的建筑师工作，又到家具设计师处学艺。21 岁，他自己设计建造了第一幢房屋。1908 年，他到贝伦斯的建筑事务所工作了 3 年，我们还记得格罗皮乌斯和勒·柯布西耶差不多同时都在贝伦斯那里工作过，大概应了"名师出高徒"这句老话。贝伦斯的这三名学生后来都大有作为。密斯曾被贝氏派到俄国彼得堡，任德国大使馆工地建筑师。这一时期他在欧洲各地考察了许多优秀的古典建筑。

随后，密斯自己开业，设计过几座住宅，有一座朴素的老式房子现在仍留在柏林郊区。第一次世界大战时，他在军中做军事工程。战后初期，在德国社会动荡的背景下，密斯参加了激进团体"十一月社"的活动，吸收了许多当时西欧的前卫艺术观念。

当时，密斯和许多知识分子一样，思想上同情社会主义，同情工人运动。大战前，密斯曾设计过稗斯麦纪念碑。战后，他为被害的德国共产党领袖李卜克内西和卢森堡设计了一座纪念碑。这座碑是一个用砖砌体组成的立体构成，材料极其普通，

图 1. 密斯

形象简朴而新颖，与传统的帝王将相的宏伟纪念碑全然不同。应该说这是形式与内涵十分相称的纪念碑。它于 1926 年建成，后来被右翼分子拆除了。

战后初期的德国，经济困难，不可能有重大的建筑项目，但这并不妨碍思想活跃的建筑师在纸上大展其构想。密斯也是这样。1919 年至 1924 年间，他先后推出了 5 个概念性建筑设计。其中有 1921 年和 1922 年的两个玻璃摩天楼方案。它们的外墙，从上到下，全是玻璃。一个外表为折面，另一个为曲面。这两个玻璃摩天楼看起来如透明的晶体，从外面可以看见内部的一层层楼板（图 2）。密斯写短文说："在建造的过程中，摩天楼显示出雄伟的结构，巨大的钢架壮观动人。可是砌上墙以后，作为一切艺术的基础的骨架就被无意义的琐屑形象所淹没。"

密斯的主张在理论上是可行的。因为在框架结构的房屋上，外墙不承重，它本身挂靠在每层楼板的边缘或边梁上，所以能够用玻璃做外墙。但是在 20 年代初，无论是欧洲还是美国，还没出现过真正的全玻璃高层建筑，直到 20 世纪 50 年代，世上第一座全玻璃大楼才在美国出现。应该说密斯构想的玻璃大楼方案具有预见性和先导性。

密斯的另一个设计方案是郊区住宅（图 3）。墙体分散错落，空间互相连通。住宅平面抽象构图，显系受到蒙德里安抽象画的影响。这个方案也是概念性的，显示出密斯在建筑艺术方面的探求。

密斯强调新时代要创造新建筑，他在《建筑与时代》中写道："所有的建筑都和时代紧密联系，只能用活的东西和当代的手段来表现，任何时代都不例外。……在我们的建筑中试用已往时代的形式没有出路。"在"建筑方法的工业化"一文中

图 2. 摩天楼概念设计（1919-1920）

说："建造方法的工业化是当前建筑师和营造商的关键问题。"他确实把这些观点始终不渝地贯彻在他的设计中。

但另一些话则有言行不一之嫌。例如，1923 年，他在《关于建筑形式的箴言》中写道："我们不考虑形式问题，只管建造问题。形式不是我们工作的目的，它只是结果。"但是，从他的作品看，很明显，密斯绝非不考虑形式的人，在 20 世纪的众多建筑师中，密斯还是以注重形式著称。当年包豪斯的学生对他的指责并非空穴来风，他是非常重视和追求形式完美的建筑师。

1926 年，密斯任德国制造联盟副主席。1927 年，联盟在斯图加特主办住宅建筑展览会（图 4，图 5），密斯是展会主持人。欧洲许多著名的新派建筑师如格罗皮乌斯、柯布西耶、贝伦斯等人都设计了住宅建筑参加展览。密斯本人的作品是一座有 4 个单元的 4 层公寓楼。因为展出的建筑物都是平屋顶、白色光墙面，因而展区被称为"白色大院"。那里的房屋至今仍保存良好，还在使用。这个展览是"新建筑运动"的一次盛事。

1929 年巴塞罗那世博会德国馆

1928 年，密斯接到一个极特别的建筑设计任务。这项任务不必考虑很多的实用功能，没有严格的造价限制，也没有太多的环境制约。对于追求完美形式的建筑师来说，这真是少有的令人羡慕的机会。不过，它同时也是一次重大的挑战和考验，并非随便哪个人都做得好的。

这一年西班牙巴塞罗那举办世界博览会。德国在会中建两个馆：一个是德国工业馆；另一个不陈列任何展品，是代表德

图 3. 砖造别墅概念设计（1922）

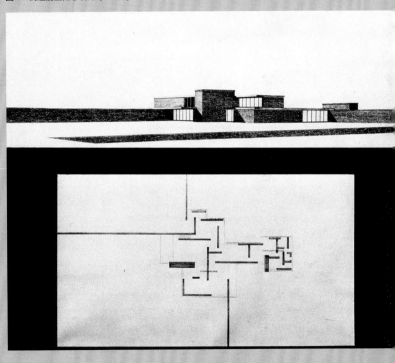

图 4. 密斯的公寓住宅

图 5. 奥德的联排别墅

国的标志性和礼仪性的一座建筑。第一次世界大战前的德国是个君主专制国家，那时，德皇威廉二世十分专横，在艺术领域，他认可的艺术才算艺术。当时，别国人承认德国科学技术发达，但生活刻板僵硬，是一个无趣的地方。

第一次世界大战的结果是，德国惨败，威廉二世逃亡国外，德国成为共和国，称"魏玛共和国"。新政府希望在世界面前树立自由、开放、友好、现代化的国家新形象，这是当局建这座建筑物的目的。其时一位高官吩咐说：这座建筑要显示"我们是怎样的人，我们能做什么，我们的感觉以及我们怎样看今天。不要别的，只求新颖、简洁、坦诚"。用现在流行的话语说，巴塞罗那世博会的德国馆纯粹是一个形象工程，它好比是出现在世博会中的魏玛共和国的一张名片和形象大使。

密斯讲他自己的认识时说："以赢利为目的建造宏伟博览会的年代已经过去。我们对博览会的评价是看它在文化方面起的作用。……经济、技术和文化条件都已发生重大变化。为了我们的文化、社会，以及技术和工业，最要紧的是寻求解决问题的最佳途径。德国以及整个欧洲工业界都必须理解和解决那些具有特殊性的任务。从寻求数量转向要求质量，从注重外表转向注重内在。通过这个途径，使工业、技术与思想、文化结合起来。"

密斯设计德国馆时，走的是一条新与旧、现代与古典、形式与技术结合的路子。我们看他是怎样做的。

德国馆有一个基座平台，平台长约五十米，西端宽约二十五米，东端宽约十五米。平台大致一分为二，德国馆的主体建筑偏在东面，西面有较大的院子，院子北侧有一道墙，墙的后面有小杂务房。院子的大部分是一片长方形的水池，水很浅（图6，图7）。基座东部立着8根钢柱，构成3个大小相同的开间。8根柱子顶着一片平板屋顶，长约二十五米，宽约十四米。屋顶下面是道有纵有横、错落布置的墙片。

我们说墙片，因为这里的墙与一般建筑物的墙不一样，它们真的是薄薄的、光光的、平平的板片。有几道墙片是石头的，厚十多厘米，另几道是大片玻璃墙，就更薄。这些墙片板横七竖八，大多相互错开而不连接，像是立体的蒙德里安抽象画。从结构的角度看，这与中国传统木构架房屋的原理相似，墙不承重，可有可无，因而可随处布置，随意中断，随便移动。虽然不动，却有动势，在人的视觉中有动态。密斯采用横竖错落的平面布置，益发加重了这种动态。

这一部分就是德国馆的主厅。它内部的空间不像普通房间那样封闭和完整，这儿实际上没有"间"的概念。小建筑也没有通常意义的"门"，有的只是墙板中断而形成的豁口，因而非常开敞通透。这儿和那儿，这边和那边，没有完全的、确定的区分。处处既隔又通，隔而不断，围而不死，不仅内部空间环环相连，而且建筑内外也很通透。所以你在其中可以不受阻拦地从这一空间进到另一空间，同样，还可以从室内转到室外，从室外进到室内。加之有大片玻璃墙，视觉上更是异常通透，觉得内外是连通的。传统房屋有很多封闭空间，德国馆则处处通透。由此产生一个现代建筑常用的术语，即"流通空间"，或"流动空间"。

比如，德国馆的东端，有一个由主厅的墙板延伸出来而围成的小院，小院里有一片小的浅水池，是一个小的水院。这小水院与德国馆主厅之间有一道玻璃墙和两个豁口。因而水院与主厅有分有合，隔而未断，实际串通一气。虽然内外有别，但空间流通，区别仅在一边有顶，另一边无顶而已（图8）。

图 6.　1929 年巴塞罗那博览会德国馆外观

图 7.　越过大水池可同时看到馆前平台、进入室内的入口、馆后的绿化

德国馆空间布局巧妙，人在其中自由灵便，步移景随，与中国苏州园林有相通之处（图9）。

德国馆的许多构件、部件的形式和连接方式与传统建筑不同。8根钢柱的断面为十字形，细细的柱子，闪烁着金属的光泽，从底到顶没有任何变化。德国馆的屋顶是刚度很大的一片薄板，由8根钢柱支承。传统房屋的墙、柱与屋顶之间一般还有横梁之类的构件，但在这里什么也没有，什么也不需要，柱和墙直接与屋顶板相遇，也没有任何过渡性的处理，柱子与屋顶板和地面都是简单地相接，硬碰硬，干净利落，墙板也是如此，这样就给人以举重若轻、若即若离的感觉。德国馆的8根柱子完全独立，即使离墙很近也不相连。起支承作用的柱子与分隔空间的墙板，你归你，我归我，清晰分明。这种处理方式，近乎钢琴演奏，音符清楚干脆，不同于小提琴的连续缠绵。

德国馆有石墙、有透明的和半透明的玻璃墙，石墙上不开窗，没有传统意义上的"窗"。天光透过玻璃墙片进入室内，玻璃墙起窗的作用，窗扩大成了墙。

德国馆的所有构件和部件本身体形都极简单而明确，相互之间的连接也处理得极其简洁，干净利落。历史上讲究的建筑，无论中国和外国，都要用许多装饰，有的做得十分复杂，到了繁琐的程度。欧洲和拉丁美洲的巴洛克式建筑就是例子。可以说人们从没见过德国馆这样贵重神气却又非常简洁清爽的建筑形象。

密斯在德国馆中运用的这些建筑处理手法，在很大程度上与使用钢材有直接关系。如果只有土、木、石、砖，便出不来那种挺拔、简洁、有力的形象，即便采用钢筋混凝土结构，也难出现那样细巧的形象与风度。当然，优质的大玻璃也是不可少的。另外，长时期以来西欧新艺术的出现，社会文化心理的

图 8. 馆内小水池和雕像

图 9. 德国馆平面图

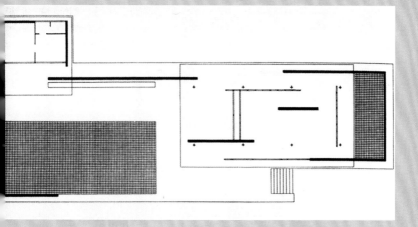

转变，以及人们审美情趣的变化也是必要的条件。物质材料属于硬件方面，艺术、文化、审美心理等是软件，缺一不可。

有一点要指出的，也是非常重要的，即密斯设计的德国馆既大胆创新走新路，同时又在一些地方吸收了历史上古典建筑的一些形式和做法。

其一，古希腊的神庙建筑有基座。德国馆也有石质的基座，入口的台阶也属传统做法。

其二，德国馆屋顶伸出相当大的挑檐。有一段时间，人们把新建筑叫做方盒子，就是由于当时的新建筑很少有挑檐，很像盒子，同一个世博会中那座德国工业馆就像盒子。而这座德国馆有屋檐伸出，便完全打消盒子的联想。

其三，尽管德国馆的具体形象与老式建筑相差很多，但自下而上的基座、屋身和挑檐形成三段式划分。有了这个三段式构图，立即显示出它与传统建筑之间存在一定的联系，虽然一般人不一定明确意识到这一点，但会因见到熟悉的成分而产生亲切感。

其四，20世纪20到30年代，新派建筑师重视运用新建筑材料，很少用传统建材，这一方面与财力有关，另一方面也与不肯向旧东西沾边的观念有关。密斯则不然，他在德国馆中用了许多贵重石材。地面铺的是意大利灰华石，墙面选用了几种大理石。一般用暗绿色带花纹的大理石，主厅内的石墙特别选用缟玛瑙大理石。用了这些名贵石材，德国馆的格调便上了档次，显示典雅高贵的同时，又与传统建筑多了一层联系。

其五，德国馆东端水院的水池一角，置有一尊雕像，它不是时髦的抽象雕刻，而是一个古典的写实的女像。水面之上，大理石壁之前，在人们视线聚焦的转角处，这座传统的雕像向人们表示：古典艺术在这儿依然受到尊崇。

德国馆其他部位的用料也都非常贵重考究。玻璃墙有淡灰色的和浅绿色的，有一片还带有刻花，另一片是在玻璃夹墙内暗装灯具。浅水池的边上还衬砌黑色的玻璃砖。闪亮的镀铬钢柱精致细挺，与白色屋顶板对比衬托，在从池面反射来的光线的闪映下，楚楚动人。

德国馆里只有几个椅凳和一张小桌，再没有什么陈设。对于那几件家具，密斯精心做了设计。椅凳用镀铬钢材做支架，尺寸宽大，分量很重，上置白色的贵重皮垫，造型简洁而高贵。它们被特称为"巴塞罗那椅"，至今仍有著名家具公司当作精品小量生产，受到鉴赏家和收藏家的青睐。

这一切合起来，使德国馆这座崭新的现代建筑具有一种典雅贵重、超凡脱俗的气度。这样的既现代又古典的建筑艺术品质，使它既获得新派人士的赞美，也让老派人士折服，成为一件建筑艺术的"现代经典"之作。一位建筑评论家说，密斯创作了巴塞罗那德国馆，即使他再没有其他作品，也能够名垂建筑历史。

在巴塞罗那世博会期间，德国驻西班牙大使曾在德国馆内接待过西班牙国王与王后。可能因为这个馆内没有展品，当时并不是博览会中的参观热点，一般人来德国馆的并不多。

20 世纪后期，在讨论中国文化的发展问题时，哲学家张岱年提出"综合创新"的理论。看来，密斯在 20 世纪 20 年代，在巴塞罗那世博会德国馆的建筑创作中已经意识到这个问题。他把工业与艺术、现代与古典融合在一起，推出了这座堪称现代经典的建筑作品。

1929 年，巴塞罗那世博会结束后，德国馆只存在了几个月就被拆除了。大理石运回德国，钢材不要了。但是全世界学建筑的人没有忘记它，仍时时追念它。过了26年，一位年轻的西班牙建筑师博西加斯于1957年写信给住在芝加哥的密斯，提出重建巴塞罗那德国馆的问题，密斯同意了，但因经费巨大，事情搁置下来。又过了十多年，到70年代，又有两位西班牙建筑师建议重建，以纪念德国馆建成50周年，仍然未能落实。1981年，最早写信给密斯提议重建的博西加斯，当上巴塞罗那市的城市部部长，他发起创立"密斯—德国馆基金会"，向各方募集资金，决心重建德国馆。

密斯已于1969年去世。在重建过程中遇到了一系列问题。如当年的德国馆起初没有门，后来由密斯加了门，现在要不要有门？商量下来决定照初时的样子不装门，但新建的德国馆是对外开放的场所，便安装了电子监视设备。原馆的柱子外包镀铬钢片，不耐久，现在改用不锈钢材料，效果接近。原用的绿色玻璃，从仅有的黑白照片上很难确定是哪一种绿色。便找来多种绿色玻璃，在天光下拍出黑白照片，再与原来的黑白照片一一比对，选出颜色、质感、透明度最接近者使用。现在，终于有了和原作几乎一模一样的巴塞罗那德国馆，可供人们实地观摩、欣赏，不能到现场去的人也有彩色照片可看了，这是当代建筑界的善举和美事。

希特勒上台后，最后任包豪斯校长的密斯不能存身，于1937年应邀到美国，任芝加哥伊利诺伊州工学院建筑系主任，定居美国。

（原载于《外国现代建筑二十讲》，生活·读书·新知三联书店，2007）

赖特的流水别墅

到美国宾夕法尼亚州匹兹堡市的第二天，就赶着去看流水别墅。对于美国建筑家赖特的这座著名建筑作品，实是心仪已久。

流水别墅在匹兹堡市东南郊，汽车驶过一段普通路程后进入丘陵地带，地形崎岖，林木茂密。密林中藏着一个参观接待处，从那儿转上专用道路。地形越来越复杂，风景渐显幽深，一拐弯，从树缝间瞥见早在书本上熟悉但未亲见的那座名建筑。

900 年前，欧阳修在《醉翁亭记》中写道："山行六七里，渐闻水声潺……峰回路转，有亭翼然临于泉上者，醉翁亭也。"

我们在匹兹堡郊外看见的，翼然临于泉上者，流水别墅也。

流水别墅所在的地点叫"熊跑"（Bear Run），这名字的来历也许和杭州的"虎跑"相似。那儿有一条溪水在小峡谷中穿流，溪谷两边地势起伏，怪石嶙峋，树木茂密。与北宋时滁州醉翁亭的环境相仿，也是"野芳发而幽香，佳木秀而繁阴，风霜高洁，水落而石出者，山间之四时也。朝而往，暮而归，四时之景不同，而乐亦无穷也。"

这片山林，是匹兹堡市富商老考夫曼（J. Edgar Kaufmann）的产业，当年这位大老板常让下属来这里游耍休闲。后来他想在此处造一所房子，作为周末家庭度假之用。此公的儿子小考夫曼曾读赖特的传记，钦佩之余，于 1934 年到赖特那里拜师。赖特的住处在威斯康星州的一片山丘上，赖特的祖上是从英国威尔士来的移民，他便以一位 16 世纪的威尔士诗人的名字命名那个住所，称作"塔利辛"（Taliesin）。这个塔利辛既是赖特的住处，又是他的建筑设计事务所，跟他学的人一边工作一边学习，也算是一个特别的建筑学校，所以塔利辛也可说是一处学园。

小考夫曼将父亲老考夫曼介绍与赖特相识，两人志趣相投，成为挚友（图 1）。1934 年 12 月，老考夫曼邀赖特到熊跑商谈建造别墅的事。赖特非常喜爱那里的自然景色，踏勘一天，

图 1. 小考夫曼、老考夫曼和赖特在塔利辛

特别看中溪水从山石上跌落，形成小瀑布的地点。他回到塔利辛后不久，写信给考夫曼要他尽快提供那个地点的详细地形实测图，要求把大岩石和 15 厘米以上直径的树的位置都标出来。1935 年 3 月地形图送到了。赖特又到现场去过一次，但他一直不动笔。

其实，这期间赖特并未闲着，了解建筑师工作过程的人知道，这期间他是在脑海中构思那未来的建筑。构思的重要一步是选择造房子的具体地点、位置、方位。赖特这次要设计的建筑不是城里市街上的一般建筑，而是造在大片自有山林中的一座别墅，看起来可以在这里，又可以在那里，有极大的自由度。但设计这座别墅建筑时必须认真细致地研究现场环境的条件与特点。中国人过去把这叫"相地"，明代造园家计成重视"相地"，认为是决定性的一步，提出"相地为先"。赖特从到熊跑踏勘现场、研究地形图到动笔画出初步草图，中间一项重要工作是研究熊跑山石林泉的特点，及如何最巧妙地利用那些特点的问题，也是"相地为先"。

设计者同时考虑未来建筑的大致模样，及建筑与环境的关系问题。关系总是有的，不过，关系有的不紧密，譬如，勒·柯布西耶的萨伏伊别墅与周围环境的关系就很不紧密（图 2）。柯布西耶自己就画过一张图，说明底层带细柱的萨伏伊别墅可以放置在许多不同的地方。赖特向来强调建筑要与自然紧密结合，紧密到建筑与那个地点不能分离，不能移动，是专为那个特定场地量身定做的，要做到该建筑物好像是从那个地点生长出来的，赖特把这叫作"有机建筑"。

1935 年 9 月的一天，老考夫曼决定去访问赖特探听究竟。赖特听说业主要来，一言不发，坐到绘图桌旁，拿出半透明的

图 2.　萨伏伊别墅与环境关系并不紧密

图 3.　流水别墅设计图

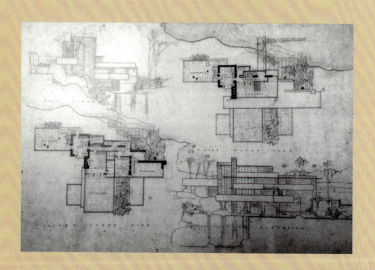

草图纸，就动手作图。一名当年的学生回忆，赖特用 3 张纸，分别画出每一层的平面图，在场的人无不惊奇（图 3）。另一种说法是，赖特花 15 分钟时间勾出第一张草图，然后屏退众人，独自工作。第二天早餐时，大家就看到了全套草图。几十年前的事，人们回忆起来会有细节的差异。主要是，经过数月的构思，赖特已打好腹稿，胸有成竹，画起来是快的。

在有好看的水流或瀑布的地方，通常的做法是把建筑放在对面或旁边，让人能方便地看到它们，叫作观景或观瀑。

计成说"卜筑贵从水面"，《醉翁亭记》说亭"翼然临于泉上"，都不具体。有幅宋代山水画，画中一座木构建筑真正站在流水之中，房子有窗帘或障壁，可说是中国古代的流水别墅。但中国画重写意，也许是想象之作，很难断定当时确有这房子。但是，无论如何，这幅宋画表达出中国人热爱自然，希望在建筑与水之间，从而即是在人与水之间，形成尽可能亲密的关系。亲水性是中国人的一种古老传统。在这一方面赖特的思想和中国传统相通，这在西方现代建筑大师中是很独特的。让考夫曼的周末别墅有最大的亲水性是赖特的设计出发点。

赖特把建筑悬架在小瀑布的上方，从某些角度看去，水像是从建筑下面跑出来，"清泉石上流"，流到岩边跌落下去，成一小小瀑布。（图 4）

老考夫曼到达后，赖特拿设计草图给他看，说"我希望你不仅是看那瀑布，而且伴着瀑布生活，让它成为你生活中不可分离的一部分。看着这些图纸，我想你也许会听到了瀑布的声音"。

老考夫曼原来设想的是一般的别墅，此刻看了赖特的奇思妙构，连连点头。考夫曼家人对于房屋不建在瀑布对面而造在

图 4. 流水别墅远景

流水之上，感到吃惊，但都认可这个方案。

赖特何以能把房屋悬在溪流瀑布的上面？这全拜钢筋混凝土悬臂梁的悬挑能力。普通梁在两端各有一个支点，像两个人抬东西。悬臂梁则是一端固定，另一端悬空，像人伸平手臂提东西一样。前者省力，后者费劲。但是只要在钢筋混凝土做的悬臂梁内放置足够的钢筋，就可凌空伸出去，并负担一定的重量。赖特在设计流水别墅时充分发挥了钢筋混凝土悬臂梁的长处。

流水别墅所在地点北面为峭壁，南面是溪水和小瀑布，南北宽不过 12 米，留下 5 米宽的通路后，可用之地已非常窄了，赖特在别墅靠北的部位筑几道矮墙，上部 3 个楼层的楼板，北边架在墙上，南端靠钢筋混凝土的悬挑能力凌空伸出，于是，别墅的露天平台和部分房屋突在半空中，溪水在建筑底下潺潺

图 5.　流水别墅的悬挑露台

流过，形成小瀑布。（图 5）

　　别墅的第一层最宽大，主要是起居室，还有餐室和厨房等（图 6、图 7）。起居室南面顶到建筑的南缘，左右都有平台。起居室三面有大玻璃窗，室内还设一通往下面的小楼梯，让人能方便地到溪流中戏水。人在起居室里，山林秀色尽收眼底。第二层面积减少，向后收缩，里面主要是卧室。起居室的屋顶成为它的平台。第三层面积更少，愈向后收缩，平台也小。各层平台都有栏墙（起栏杆作用的矮墙），有的地方可见到扁平的屋顶板和屋檐板。

　　流水别墅的栏墙和檐板是建筑形象中突显的横向元素。它们的表面是在光平的水泥上涂以浅杏黄色油漆。

　　流水别墅的墙体是用当地灰褐色片石砌筑的毛石墙，石片长短厚薄不一。几道石墙在整个建筑形象中形成竖向元素，石

图 6. 流水别墅内客厅

图 7. 流水别墅内景

墙本身看似凌乱，实则有序，突出水平纹理，图案优美，给人以粗中有细，既粗犷又精致的印象。

我们见到的流水别墅，是世界建筑史上从未见到过的建筑。呈现在人们眼前的是以横向的栏墙、檐板与竖向的毛石墙体的奇特的组合体。横向元素多而亮丽，是主调。毛石墙作为竖向元素，深沉、敦实、挺拔，数量不多，却十分重要，它们把房子与山体锚固在一起。在大构图中，那两道垂直的石墙像主心骨一样，团结、聚合其他成分，起着统领全局的轴心作用。

流水别墅的建筑构图中，有许多鲜明的对比：水平与垂直的对比，平滑与粗犷的对比，亮色与暗色的对比，高与低的对比，实与虚的对比，对比效果使建筑形象生动而不呆板。

流水别墅特别出色的地方在建筑与自然的关系。我们再拿萨伏伊别墅与它比较。萨伏伊别墅四面被平墙板框住，自身紧缩成团，内部复杂而外轮廓简单，似乎要与周围环境划清界限，互不搭界，几乎到了"横眉冷对"的地步。流水别墅与它相反，它伸展手脚，敞开胸怀，热情拥抱自然。它与岩石联结紧密，它让溪水从身下流过，它的平台左伸右突，与树林亲密接触。房子与山石林泉犬牙交错，互相渗透，你中有我，我中有你。流水别墅在这片优美的山林中，简直像鱼在水中，畅快无比。

"仁者乐山，智者乐水"，住在流水别墅里的人兼而有之。

流水别墅与熊跑山林如天作之合，用计成的说法，是"虽由人作，宛自天开"。

人爱自然，但自身需要保护。流水别墅内部有些地方，给人以安乐窝的印象。不过这个安乐窝带点野趣，起居室的地面铺的是片石，壁炉前留露一大块原生的岩石，楼上卧室等处也露有天然岩体，这些做法给别墅内部带来原始洞穴的情调，可谓 20 世纪的洞天福地。住在流水别墅里的人确是福气（图 8—图 11）。

"墅桥喧硝水，山郭入楼云。"（唐·纪唐夫）

"山色四时碧，溪光七里清。"（唐·王贞白）

"泉水激石，冷冷作响；好鸟相鸣，嘤嘤成韵。"（南朝·吴均）

我参访流水别墅正值隆冬腊月，冰天雪地。水已不流，瀑布结成冰幔，正是："翠柏深留景，红梨迥得霜。风筝吹玉柱，露井冻银床"。（唐·杜甫）大冬天，参观的人仍是络绎不绝。大伙一同"远寻寒涧碧，深入乱山秋"。（唐·李咸用）

流水别墅的建筑面积约 400 平方米，平台约 300 平方米，占很大比例。这些平台在外观上非常显著，人在平台上好似升到半空，山林美景围绕着你，有的还在你的脚下，这与在地面上观景很不一样，我自己站在平台栏墙边上，四下张望，一时间竟觉得有些飘飘然了。

流水别墅的造价不菲，按当时的币值，老考夫曼原本打算花 3.5 万美元，但是最终花了 7.5 万美元。内部装修花去 5 万美元。钱少造不出艺术性那么高的建筑。其间赖特曾劝告考夫曼："金钱就是力量，一个大富之人就应该住有气派的豪宅，这是他向世人展现身份的最好方式。"老者点头。

老考夫曼也曾有不少担心的地方。1936 年 1 月，施工图完成。他请了匹兹堡的结构工程师审图，工程师们质疑结构的安全性，提出 38 条意见。

赖特看了工程师的意见书非常生气，要求老考夫曼退还图纸，说他不配住这样的别墅！后来是老头子让步。别墅于 1936 年春破土动工，施工期间赖特 4 次来到现场。老头子为

图 8. 别墅内客厅

图 9. 别墅内餐厅

图 10．别墅内景

图 11．别墅内书房

安全起见，让工人偷偷地在钢筋混凝土中放进比赖特规定的更多的钢筋。

1937 年秋天，别墅完工。

老考夫曼一家开始在这里度假。别墅完工之前已引起广泛的注意。考夫曼接待的第一批访客中有纽约现代美术馆建筑部的主持者，他提议在美术馆里为流水别墅办一次展览。1938 年 1 月展出名为《赖特在熊跑泉的新住宅》的展览。美国《生活》《时代》都介绍了这座史无前例的别墅建筑，建筑刊物更是予以热烈的关注。许多著名人物如爱因斯坦、格罗皮乌斯、菲利普·约翰逊等都来参观过。其后每年都有成千上万的人来此参观访问，截至 1988 年，参访者已达到 100 万人。各种媒体所做介绍不计其数。除了多种关于流水别墅的专著外，后来出版的现代建筑史书中无不包含对这座建筑的介绍和评论。

老考夫曼过世后，流水别墅由儿子小考夫曼继承。他曾在哥伦比亚大学讲授建筑史，他家的别墅即是他研究的对象之一。1963 年小考夫曼把流水别墅捐赠给西宾夕法尼亚州文物保护协会（Western Pennsylvania Conservansy，WPC）。在捐赠仪式上，他说：

> 这样一个地方，谁也不应该据为己有。流水别墅是属于全人类的杰作，不应该是私产。多年来，流水别墅的名气日增，为世人所推崇，堪称现代建筑的最佳典范。它是一项公共资源，不能归个人恣情享受。

小考夫曼还曾写道："伟大的建筑能改变人们的生活方式，也改变了人的自身。"这句话，本书作者觉得有些过分。不过，就流水别墅而言，它的确改变了小考夫曼的人生。

人会衰老，建筑物也有衰败的时候，流水别墅这样多少近乎表演杂技的房子，较早出现毛病是不奇怪的。流水别墅建成不久，不时有轧轧的响声。那是各种构件、部件磨合所致。下大雨的时候，房屋多处漏水，房主人要拿出盆盆罐罐接水。事实上，挑出很远的平台早就出现下坍的现象。老考夫曼在世时常感困扰，他担心平台什么时候会垮下来，幸而未发生。1956年8月，熊跑溪突发洪水，大水漫过平台，渗进室内，房子进一步受损。

虽有考夫曼家的细心维护，房子的状况仍越来越糟。WPC当局接管以后，募集充裕的资金进行修葺。1981年将屋顶换过，翻修了全部木活，等等。主平台下坍达18厘米，1997年不得不安装临时支架。1999年，WPC召集会议，请各方面专家会诊流水别墅。决定采用后张预应力（post-tensioning）加固结构。经过一系列周密细致的抢救施工，流水别墅的情况有所好转。维修中，各处地面所铺石板都做了编号，以便准确复原。维修工程于2002年告一段落，费用达1150万美元。但以后还有维修任务待完成。

工程专家说问题都出在结构方面。如果当年老考夫曼没有让工人背着赖特多加钢筋，问题会更严重。如果当年赖特吸取结构工程师的意见，情形也将会更好一些。如果钢筋混凝土悬臂结构有足够的含钢量，可以防止建筑物发生太大的变形。

据说赖特原来想把平台栏板做成金色，但他接受老考夫曼的意见改为现在的颜色。

流水别墅的英文名为Fallingwater，是赖特取的名字。当年赖特把waterfall（瀑布）一词分开又颠倒顺序，得到这个词。

日本人称它"落水庄"，国内也有人称之为"落水山庄"。那里的瀑布其实很小，只可称作"落水"或"跌水"。正因其小，人才敢住在它的上方，要是大的瀑布，谁敢住在它上面呢！"落水山庄"的译法其实挺好，不过流水别墅之名在大陆已通行，因此沿用不改了。赖特从流水别墅工程得到 8000 美元的设计费。

流水别墅像它所在地点的自然一样美。它曾是一个私人的栖身之所，但又不止于此。它超越一般房屋的含义，是一件建筑艺术珍品。这座建筑与其自然环境浑然一体。它不能被当作一个建筑师为一位业主所做的住宅，它是人类为自己创造的罕见的艺术珍品。

常有人问，你在美国见到最好的建筑有哪些，我说很多，不过要是只说一个的话，我提赖特的流水别墅。2000 年底，美国建筑师协会挑选 20 世纪美国建筑代表作，流水别墅也是排名第一。

（本文作于 2008 年）

尼迈耶与巴西利亚的政治中心

联合国是国际组织，并非真正的政府，在联合国秘书处大厦落成 10 年后，1960 年，一个全部平地新建的、世人从所未见的、完整的政府建筑群出现在南美巴西共和国的新首都巴西利亚。

巴西自 19 世纪就有在内地营建新首都的倡议。1955 年，政府决定建造名为巴西利亚的新首都。1957 年巴西建筑师做出新首都的规划，开始营建。1960 年开始迁都。

巴西利亚的布局以东西和南北两条正交的轴线为骨架。城市总平面近似一只大鸟。东西轴线是政治和纪念性轴线，最东头为政治中心。南北轴线为居住轴线。城市的东、南、北三面有人工湖环绕，湖边是高级住宅区。

巴西利亚的布局和城市设计受柯布西耶 50 年代为印度昌迪加尔所做的规划设计的影响（图 1）。昌迪加尔的规划理论上似乎很有道理，但实际建造和生活中暴露出不少问题，除了社会和经济方面的缺陷外，从建筑学的角度来看，最大的缺点是房屋之间的距离过大，尺度不符合人的活动规律，环境空间失常，显得空旷和冷漠，失去了人的聚居场所应有的亲切气氛（图 2）。这些问题多为人们所诟病，而被视为城市规划和建设的失败之作。这些缺点，不同程度地也存在于巴西利亚的规划中。

尼迈耶承担了巴西利亚许多重要建筑物的设计。有议会大厦（1958）、总统府（1958）、最高法院（1958）、总统官邸（1957）、国家剧院（1958）、巴西利亚大学（1960）、外交部大厦（1962）、司法部大厦（1963）、国防部大厦（1968）、巴西利亚机场（1965）及巴西利亚教堂（1970）等。这些建筑物，由于它们的性质和地位，需要有一定的纪念性品格。尼迈耶在设计这些建筑物的时候，不重复历史上和别的地方已有的纪念性建筑造型，努力创造新的纪念性建筑形象。

议会大厦位于东西轴线的东端，即城市平面的"鸟头"部位。尼迈耶塑造的议会大厦形式非常奇特，它有一个扁平的会议楼和高耸的秘书处办公楼。扁平的会议楼正面长 240 米，宽80 米，3 层，平屋顶。屋顶上有两个锅状形体，一个正置，其下为众议院会议厅；另一个倒扣着，里面是参议院会议厅。扁平的议会楼后面是 27 层的秘书处办公楼，它本身又分成两个薄片，但靠得很近，中间留着"一线天"。这个双片高层办公楼以窄端与会议楼相连。（图 3）

会议楼和办公楼本身都是简单的几何形体，光光溜溜，没有凸凹和装饰。这个建筑群的突出特点在于形式的对比。这里有高与矮的对比，横与竖的对比，平板与球面的对比，正放的锅形物与倒扣的锅形物的对比，一个稳定，另一个看来摇摆不定，稳态与动态也形成对比，此外还有大片实墙面与大片玻璃

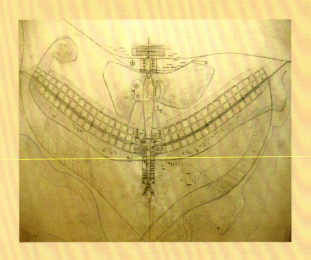

图 1. 巴西利亚规划图

图 2. 俯瞰巴西利亚

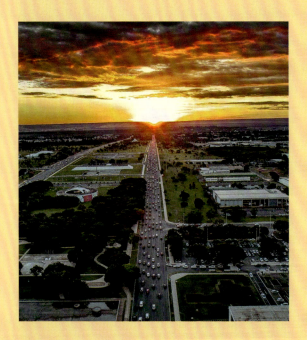

图 3.　**巴西利亚议会大厦**

墙面的虚实对比。这些对比的效果是那样鲜明、强烈和直率。议会建筑没有细部可供人鉴赏，突出的只是大手笔的对比。议会周围空空旷旷。在辽阔的环境中，在热带日光强烈的照射之下，这个议会建筑显得原始、奇特、粗犷、空寂，给人以神秘感，会让人联想到古代美洲的祭台建筑。

　　在总统府、总统官邸和最高法院等建筑中，尼迈耶都采用长方形带周围柱廊的形式。围廊很宽大，可以遮挡直射的阳光。屋顶平而薄，柱子各有新意。那些柱子是变截面的，包含直线和曲线，造型简洁而潇洒。在外交部和司法部两座建筑物中，尼迈耶又设计了另外两种柱廊，柱子形式都有新意。古代希腊人创造的柱子形式被称为"希腊柱式"，尼迈耶为巴西利亚政府建筑物设计的这些柱子，有人称之为"尼迈耶柱式"（图 4）。

　　尼迈耶的作品造型轻快、自由、活泼，主要使用钢筋混凝土材料，在他的手中，这种坚硬的材料柔化了，他用钢筋混凝

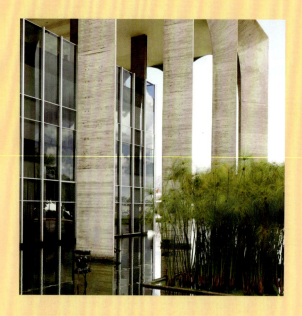

图 4. 尼迈耶柱
图 5. 巴西利亚大教堂内景

图 6. 巴西利亚的国家大教堂

图 7. 巴西利亚大教堂外景

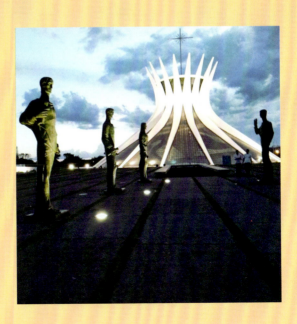

土塑造出有抒情意味的建筑物（图5—图7）。他为巴西利亚设计的政府建筑需要有庄严性和纪念性，这是现代主义建筑尚不擅长的领域，尼迈耶在这方面做了新的尝试。但巴西利亚的建筑，无论在巴西国内或国外，既有人赞赏，也有人指责。赞赏的人说它显示了巴西的未来，为此感到振奋；指责的人由于它们的抽象性和陌生感而觉得它们令人莫名其妙。尽管尼迈耶本人非常关心人民的命运和疾苦，但有人说他的建筑作品却脱离了普通人的审美观念和习惯。

巴黎蓬皮杜艺术文化中心
与当代一种建筑流派

　　1977 年 1 月，巴黎新建的国立蓬皮杜艺术与文化中心（Le Centre National d'art et de Culture Georges Pompidou）落成。这个建筑立即引起各国人士的广泛注意。不只是专门的建筑刊物对它做了大量介绍和评论，连一般报刊也纷纷提出看法，议论颇为热烈，观点则极为分歧。

　　法国《世界报》热烈赞扬蓬皮杜中心，认为它是"一个纪念物，表现了法兰西伟大的纪念堂和象征之一"。[1] 法国《分钟报》的一篇文章却大唱反调，讥讽说"我们巴黎人生来聪明，竟选择了这样一个文化猴戏"。[2] 美国《纽约时报》认为，"蓬皮杜中心像是一条灯火辉煌的横渡大西洋的邮船，它能驶往任何地点，碰巧来到了巴黎……它是对保守派的诅咒，也是对爱国者的当面挑战。"

1　法国《世界报》1977 年 1 月 21 日瓦翰的文章。转见英国《建筑评论》（*Architectural Review*），1977 年 5 月号。
2　转自《美国建筑师学会会刊》（*AIA JOURNAL*），1977 年 8 月号。

　　人们对于蓬皮杜中心的建筑形象更是议论纷纷。该中心建筑方案评选负责人、法国建筑师普霍维说它像"神话中的建筑"，从附近的街巷中瞧它一眼，都是一种"享受的体验"。[1]可是，英国《建筑评论》编者却说："从街巷中只能窥其一角，当你看到它的全貌时，得到的是一种吓人的体验。"因此，这家杂志为了蓬皮杜中心的落成，"谨向建筑师和法兰西致以恐惧的祝贺"[2]。《美国建筑师学会会刊》的一篇评论反映了很多人的看法，说这个中心叫人"想到炼油厂和宇宙飞船发射台"[3]。总之，这个建筑的确使不同的人产生了"从地狱到世外桃源"[4]的不同联想。

　　人们对蓬皮杜中心的建筑提出了如此纷乱和对立的看法，法国《今日建筑》的编者不禁慨叹道："在埃菲尔铁塔之后，从来还没有一座法国建筑在世界上引起了如此矛盾的兴趣。"

　　为什么蓬皮杜中心如此引人注目？它有哪些特殊之处？这座建筑是一个成功还是失败？它体现了怎样的建筑思潮？这都是一些使人感到兴味的问题。

---

1 法国《今日建筑》（*L'Architecture d'Aujourd'Hui*），1977 年 2 月号，第 80 页。

2 英国《建筑评论》，1977 年 5 月号，第 272 页。

3 布兰顿，《巴黎蓬皮杜中心的演变与冲击》（Robert M. Brandon, *The Evolution and the Impact of the Pompidou Centre in Paris*），《美国建筑师学会会刊》，1977 年 8 月号。

4 同上书。

图1. 蓬皮杜中心临街景观

一

　　古老的巴黎有很多著名的历史悠久的文化建筑。但是长久
以来，人们认为巴黎缺少一个现代化的文化活动中心。1969
年，法国总统蓬皮杜决定在巴黎中心地区名为波布高地的地
点兴建一座综合性的艺术与文化中心。1971 年，法国当局举
办国际建筑设计竞赛，征求建筑方案，49 个国家送去 681 个
方案。由法国和外国专家组成的评选团从中选取了意大利建
筑师皮阿诺（Renzo Piano）和英国建筑师罗杰斯（Richard
Rogers）合作的方案。1972 年动工，1977 年初完工。这时
蓬皮杜总统已经去世，建筑被命名为"国立蓬皮杜艺术与文化
中心"。

中心所在地距著名的卢浮宫和巴黎圣母院仅 1 公里左右，周围是大片古旧的房屋。艺术与文化中心包括 4 个主要部分：（1）公共图书馆，建筑面积约 16000 平方米；（2）现代艺术博物馆，面积约 18000 平方米；（3）工业美术设计中心，面积约 4000 平方米；（4）音乐与声学研究中心，面积约 5000 平方米。加上附属设施和停车场，总面积为 103305 平方米。除音乐与声学研究中心单独设置外，其他都集中在一个长 166 米、宽 60 米的 6 层楼之内。这个大楼一面紧靠着主要街道海勒赫路，另一面朝向一块空场。机电设备和停车场（容 700 辆汽车）等位于地下。

大楼采用钢结构，几乎全部结构都暴露在建筑的外观（图1）。更加特别的是在它的沿街立面，不加遮挡地安置了许多设备管道。红色的是交通设备，蓝色的是空调管道，绿色的是给排水管，黄色的是电气设备（图2）。在面向空场的立面上，突出地悬挂着一条蜿蜒而上的圆形透明管道，内设自动楼梯（图3），它是把人群送上楼层的主要交通工具。

蓬皮杜中心的外观使人眼花缭乱，而它的内部布置却极为简单。每个楼层都是高 7 米、长 166 米、宽 44.8 米的偌大空间，除去一道在建造过程中加上的防火隔断外，里面没有内柱，没有固定隔墙，也不做吊顶。所有部分不论是图书馆还是演出厅，也不管是办公室和交通线，统统用家具、屏幕和活动隔断临时地、大略地加以分割，可以随时改动。

图 2. 蓬皮杜中心临街面

图 3. 蓬皮杜中心自动扶梯管道

二

蓬皮杜中心建筑方案评选负责人普霍维在大楼落成时发表谈话时说："蓬皮杜中心的建筑观念应该启发我们时代的创造精神。这个建筑所达到的成就，应该引起建筑师和设计者的强烈反响。"

蓬皮杜中心的建筑观念和成就，可以从 3 个方面加以考察。第一，材料和结构的运用；第二，建筑功能和建筑空间处理；第三，建筑体形处理。3 个方面是互相联系的。

用钢结构建造 6 层楼房现在已不是什么复杂的问题。但建筑师不愿意有任何内柱和墙壁，这样，楼内的跨度就达到 48 米。整个大楼用 28 根圆形铸钢管柱，将建筑分为 13 个开间。管柱柱径 850 毫米，上下相同。两列柱子之间用钢管组成的桁架梁承托楼板。巨大的桁架梁不直接搭在柱子上，而是同安在柱身上的悬臂梁联结。这些悬臂梁也用铸钢制成，长 8.15 米，当中有穿孔，套装在柱子上，由梢钉卡住。它一端向里侧伸1.85 米，另一端向建筑外部伸出 6.3 米。悬臂梁可以稍稍摆动，形成杠杆式的构件，在向外伸出的端头用水平、垂直和斜向的拉杆互相联结。楼的外墙安装在柱子后面，所以柱子、悬臂梁以及纵横交错的拉杆在建筑外观上显得非常突出（图4、图5）。

为什么要采用这样复杂的结构呢？第一，48 米的跨度太大了，加一段悬臂梁可以减少桁架的长度，杠杆式构件外端受着向下的拉力，有助于减少桁架中的弯矩；第二，建筑师本来要把整个楼板搞成可以上下活动的东西，所以把悬臂梁套装在柱身上，用梢钉卡着，以便随时上下移动，但这个意图未能实现；第三，利用向外挑出的悬臂作为外部走道和管道的支架。

普霍维先生认为蓬皮杜中心能启发创造精神，那么这座建筑本身在运用材料和结构方面有多少创造性呢？可惜，并不多。它是一个暴露材料和结构的钢铁玻璃建筑，而这样的建筑在19世纪就已出现。1851年伦敦第一次国际博览会，在短短的几个月内，用铁和玻璃建成一座大型展览馆"水晶宫"。1889年巴黎国际博览会上又建成跨度为115米的机器陈列馆。同这两座19世纪的建筑相比，20世纪70年代的蓬皮杜中心，在结构方面没有什么值得夸耀的地方。杠杆式的悬臂构件也不是新发明，19世纪德国工程师吉伯尔在桥梁中就已采用。这种构件后来被淘汰，不料在长期销声匿迹之后，却在蓬皮杜中心的结构中再现。

图4. 蓬皮杜中心内部钢构架

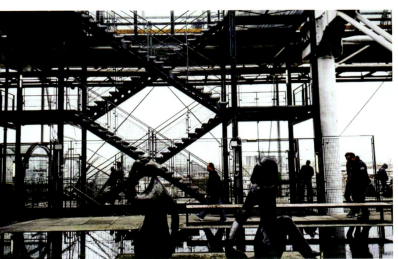

美国《进步建筑》的编者写道："法国报刊认为蓬皮杜中心是向着未来世纪的祝酒，其实，它不过是对昔日的建筑技术成就的致敬；与其说它在技术上预示着21世纪，不如说它表现了19世纪；与其说它是未来博物馆设计的先型，不如说它是19世纪法国展览会建筑盛期的摹本。"话说得有点挖苦，但实际情况就是如此。

担任蓬皮杜中心大楼结构设计的，是英国著名的阿茹普工程设计事务所（Arup & Partners）。这个设计机构有许多能干的工程师，他们曾解决过澳大利亚悉尼歌剧院那样繁难的结构设计。这些工程师的才能决不亚于他们的19世纪先辈。然而在19世纪，工程师是新型建筑的创造者，他们可以甩开膀子干。而在蓬皮杜中心，起支配作用的是建筑师。工程师们即使有才能有抱负，他们的创造性也必定会受到建筑师想法的掣肘。从表面看来，结构在这座建筑中占有显著的位置，然而现代结构技术的卓越成就并没有得到真正的发挥。

三

建筑设计的一个核心问题，是按照建筑的功能需要恰当地组织建筑空间。在这方面，蓬皮杜中心是很有特点的。第一，这座大楼的大多数构件和全部门、窗、墙等部件，可以重新拆装；第二，每个楼层都是统一的没有固定分割（除一道防火隔断外）的敞通空间。这样，就构成一座可以随时调整变动的高度灵活的建筑。

建筑的灵活性是现代建筑设计的一个重要课题。生产、科学技术和社会生活迅速变动，房屋存在的时间相对较长，因此，房屋设计要考虑日后可能出现的变化，为此留有余地。半个世纪来，各国建筑师进行了多方面的探索实验，取得了丰富经验。德国著名建筑师密斯·凡·德·罗是其中的一个。近些年来，不仅生产性建筑，而且办公楼等也趋向于采用敞通的空间布局，都是为了增加灵活性。蓬皮杜中心许多部分的活动内容和方式经常改变，不做过细过死的划分，采用开敞的布局和活动隔断很有必要。

可是灵活性不是一个孤立的问题。增加灵活性要同功能使用、构造施工、造价经济等因素结合起来全面考虑，才能恰当解决。蓬皮杜中心的建筑师在注意增加灵活性的时候，又把这个因素绝对化了。罗杰斯的一段话表明了这种倾向，他说："我们把建筑看成像城市一样的灵活的永远变动的框子。人在其中应该有按自己的方式干自己的事情的自由。我们又把建筑看作是像架子工搭成的架子，而不要传统的那种有局限性的放大了的玩偶房子。在我们周围，不论是闪闪发光的办公大楼，还是大规模建造的住宅区，其实都是那种玩意儿。我们认为，建筑应该设计得能让人在室内和室外都能自由自在地活动。自由和变动的性能就是房屋的艺术表现。如果采纳这个观点，房屋的功能就会大大超过一个简单的容器或雕刻物，成为真正的城市型建筑，适应人的不断变化的要求，促进丰富多样的活动，超越业主提出的特定任务的界限。"[1] 在建筑师罗杰斯看来，建筑的灵活性要达到这样的程度：第一，要让人能在其中"自由自在地活动"，能"按自己的方式干自己的事情"；第二，建筑物本身成为可以"永远变动的框子"；第三，设计者可以"超越"

---

1 罗杰斯 1976 年 6 月 15 日在英国建筑师皇家学会的讲演"建筑之探讨"，该会会刊 *RIBA Journal*，1977 年 1 月号，第 11 页。

业主提出的使用要求。他认为，不具备这些条件的建筑统统归入所谓"放大了的玩偶房子"之列。

然而，如果真的把罗杰斯的规定当作建筑设计的普遍原则，那就会真的搞出既不经济也不适用的房屋来。拿蓬皮杜中心来说，试问在有两个足球场大的楼层中，为什么一定不能加上一些内柱呢？那会妨碍谁的自由呢？为什么不能对有特殊要求的部位如珍贵艺术品展览和演出场地给以特殊处理，而要根本取消房间划分的概念？建筑师原来还想把整个楼板做成活动的，把厕所做成可以移来移去的活动装置，这在艺术与文化中心内有什么真正的必要呢！[1]

事实上，蓬皮杜中心内的许多布置并非使用者的要求，还在评定方案时，图书馆专家就投了反对票。以后博物馆当局又希望有尺度近人的、有墙面和天花板的陈列室，但被建筑师拒绝了。设计者和使用者之间发生过许多这类龃龉，按设计者的说法，就是"我们遇到了许多我们不喜欢的要求"，"我们对业主的要求保持了相当的距离"[2]。这就是罗杰斯所谓"超越业主提出的特定任务的界限"的实际运用。

蓬皮杜中心使用还不太久，建筑设计的许多实际使用效果还有待时间的检验。但人们已经发现，把多种不同部门和性质相差很远的活动放进统一的大空间之内，常常造成凌乱和互相干扰的情况。不少人常常在迷宫似的家具、屏幕和临时隔断之间走错路线。统一的 7 米层高对演出来说嫌低，对少数人办公、

---

1 皮阿诺·罗杰斯事务所的三个工作人员的谈话："一次内部调查"，英国《建筑设计》（*Architectural Design*），1977 年 2 月号，第 140 页。
2 同上。

研究又嫌太高。要对珍贵展品提供特殊的温湿度和保卫条件也很麻烦。有人形容说，每天闭馆时，大楼内杂乱狼藉的景象可以同球赛刚结束时的美国体育场媲美。

罗杰斯说："今天的住宅和工厂明天将变成博物馆，我们的博物馆明天又可能变成食品仓库或超级市场。"[1] 这是可能的。可是我们今天建造住宅和工厂时按什么来设计呢？博物馆改为仓库或市场的事情，过去和现在就出现过，但并非命定要发生的。我们设计今天的博物馆首先还得满足一个博物馆的基本要求，在这个前提下，考虑博物馆本身使用上可能出现的变化，预先留有余地。如果现在就把博物馆当作仓库来设计，或是把它搞成一个空荡荡的框子或架子那是荒谬的。当然应该对未来有所设想，但不应该凭臆想办事。

罗杰斯等注意建筑的灵活性问题，这是正确的，但他们把灵活性放到压过一切的不恰当的地位，这似乎是从使用功能出发，实际上却妨碍了许多使用需要。法国《今日建筑》说它是一种"以高度主观主义方式表现的功能主义"[2]，确是很中肯的批评。

四

使许多人最不满意的，还是蓬皮杜中心的建筑形式。英国《建筑评论》的主编说它"像一个全副盔甲的人站立在满是老百姓的房间里"。"一个蓬皮杜中心造成叫人兴奋的景象，可是

---

1 布兰顿，《巴黎蓬皮杜中心的演变与冲击》，《美国建筑师学会会刊》，1977年8月号。
2 法国《今日建筑》，1977年2月号，第80页。

一想起如果我们的市中心主要由这等模样的建筑组成，你就感到那将是多么令人厌恶的情景！"[1]

依我们看，这个大楼并不特别难看，它的各部分终究还是建筑本身所需要的。问题在于形式同内容不协调。如果这个大楼里面生产阿司匹林或敌敌畏，肯定就不会招来这么多的意见了。然而它竟是一座艺术文化中心！人们希望看见这种性质的建筑有一定的艺术性和纪念性，不料却在它的立面上和室内看到一大堆自来水管和空调管道之类的东西。人们不免惊奇，继而又惶惑不解，艺术文化中心怎么成了炼油厂模样，肚子里的东西为什么翻到公共建筑的立面上来！这岂不有些滑稽！使人惊奇、惶惑、发笑，也是一种建筑艺术效果。可它出现在这里终究不伦不类，文不对题。筹建蓬皮杜中心的一位负责人告诉大家：这个建筑是"一位总统的爱好和看法同法国人民的潜在的愿望的会合"[2]。这个解释耐人寻味。我们知道，很多法国人对蓬皮杜中心的建筑反映并不良好。一向支持新奇建筑思想的英国《建筑设计杂志》就报导说："法国公众一般对蓬皮杜中心抱强烈批评态度，巴黎市民尤其厉害。"[3]所以上述解释中提到法国人民的愿望时，加上了"潜在的"几个字。但是，既然还是潜在的，那又何从"会合"呢！"一位总统的爱好与看法"，自然是指蓬皮杜，他的爱好怎样呢？1974年蓬皮杜总统

1 英国《建筑评论》，1977年5月号，第277页。
2 莫莱赫，《蓬皮杜中心之赌注》，巴黎，1976年（Claude Mollard, *L'Enjeu du Centre Georges Pompidou*, Paris, 1976），转见英国《建筑设计》，1977年2月号，第98页。
3 英国《建筑设计》，1977年2月号，第138页。

在国民议会讲到兴建这个中心时说道："我爱艺术，我爱巴黎，我爱法国！"[1]他对于戴高乐总统生前没有留下一座纪念性建筑感到遗憾。他的意思是要把这个中心建成"表现我们时代的一个城市建筑艺术群组"。当评选团选中现在这个方案时，他又告诫说："要搞一个看起来美观的真正的纪念性建筑。"[2]蓬皮杜去世后，继任的德斯坦总统在过问这项工程时，明确要求建筑师把那些设备管道从立面上移去。但建筑师以经费为理由不肯照办。事后罗杰斯曾抱怨说他们遇到了政治压力，他为当时已经用掉80%的造价感到幸运[3]。

像每一个大型建筑一样，最后落成的建筑物都不免同原来的方案有些出入，不过蓬皮杜中心基本上还是保持了建筑师的原意。那么罗杰斯和皮阿诺为什么要搞出这样一种古怪的建筑形象呢？是不是他们太注意技术和经济问题而忽视了形象处理；或许把管道放在立面上是为了检修方便，室内不做吊顶是为了节约吧？完全不是。蓬皮杜中心的建筑形象是他们不顾一切努力追求的结果。罗杰斯说过："自由和变动是房屋的建筑艺术表现"，他们就是要表现这个，皮阿诺和罗杰斯进一步阐述他们的意图说："这座建筑是一个图解，人们要能立即了解它。把它的内脏放在外面，就能看见而且明白人在那个特制的自动楼梯里怎样运动。电梯上上下下，自动楼梯来来往往，这是基本的，对我们非常重要的东西。"[4]这是一种明确的建筑艺

1 《蓬皮杜中心：过程与目标》，英国《建筑设计》，1977年2月2号，第104页。
2 法国《今日建筑》，1977年2月号，第80页。
3 罗杰斯谈他在法国工作的体验，《英国建筑师皇家学会会刊》，1977年1月号，第15页。
4 布兰顿，《巴黎蓬皮杜中心的嬗变与冲击》，《美国建筑师学会会刊》，1977年8月号。

术观点，这个观点产生于他们对建筑的根本看法。我们已经了解，这两位建筑师把建筑看作是"框子"和架子，此外他们还把建筑看作是"容器"和"装置"以及另外的一些东西。1973年，在同法国《今日建筑》编者谈话时，皮阿诺坚持把蓬皮杜中心看作是"一条船"，罗杰斯还特地声明，那是"一条货船"而不是"一条客轮"[1]。在他们的心目中，悬挂在蓬皮杜中心主楼外面的自动楼梯就是当作登上轮船的舷梯来设计的。

两位建筑师早已不把建筑当作房屋来看待了。人们要建造一座公共建筑，他们却把它当作框子、容器、一种装置和一条货船来设计；人们希望看到美观的有纪念性的建筑，他们则醉心于表观"自由和变动"的"图解"，几乎没有共同语言。

建筑从来不是单纯的技术科学，任何时代重大的建筑活动都牵涉很广的复杂的社会现象。探讨每一座较为重要的建筑和建筑师的活动，必须联系到它所代表的建筑思想和当时的社会历史背景。蓬皮杜中心的建筑和它的建筑师代表的是英国建筑流派——"阿基格拉姆"（Archigram）的观点，它是第二次世界大战后西欧建筑思潮变化的产物。

五

第一次世界大战之后，西欧出现过"新建筑运动"，它对先前的古老的建筑观念进行了相当深刻的荡涤。第二次世界大战之后，西方建筑界又出现了对"新建筑运动"的冲击。当年

1《与波布文化中心的建筑师的谈话摘要》，法国《今日建筑》，1973年7—8月号。

的"第一代"现代建筑流派和代表人物相继凋逝,"第三代"流派和人物已经登场。20世纪60年代出现在英国和西欧建筑舞台上的"阿基格拉姆"流派是其中比较激进的一支。

"阿基格拉姆"是当时伦敦一些建筑学校的学生和年轻建筑师的一个小团体,它并没有系统的理论,只是用一些电报式的词句来表明它的成员对建筑学的若干想法。"阿基格拉姆"原意为"建筑学电报"(Archigram=Architecture+Telegram)。这个流派主张现代建筑学应该同"当代生活体验"紧密联结。他们举出的当代生活体验一方面包括科学技术的最新成就,如自动化技术、电子计算机、宇宙航行、大规模生产技术、新的交通工具等;另一方面也包括资本主义发达国家生活内容和方式的新特点,诸如大规模旅游、环境公害、高度的消费性等等。他们提出"流通和运动""消费性和变动性"等概念,作为当代生活体验的特征,接着就把这些概念引入建筑学,作为建筑设计的指导思想。

"阿基格拉姆"的想法反映了科学技术进展和社会生活变化对建筑业的影响。他们触及了问题,但是停留在认识事物的感性阶段,因而他们的主张和建筑方案大多数都是幼稚的、虚夸的和脱离实际的。例如他们设想把未来城市装在可以行走的庞大机器里面(图5);用一些自动的服务机械满足人的生活需要,从而取消住房,等等。在形式方面他们更是故作惊人之笔,标奇立异,耸人视听。把设备管道故意暴露在外——所谓"翻肠倒肚式"(Bowellism),就是"阿基格拉姆"喜爱的手法之一。他们很少有机会从事实际工作,只是忙于拟制未来建筑和城市的方案,热心于举办展览,这就使他们在空想的道路上愈走愈远，甚至终于提出"非城市"和"无建筑"的口号"[1]。作为一个团体，"阿基格拉姆"存在的时间并不长，然而成员们的激情和建筑狂想却对许多国家建筑界的年轻一辈产生了广泛影响。出生于20世纪30年代的皮阿诺和罗杰斯接受了"阿基格拉姆"的思潮，并贯彻于蓬皮杜中心的建筑设计之中。

图5. 蓬皮杜钢构架节点

1 参见詹克斯，《建筑中的现代运动》(Charles Jencks, *Modern Movements in Architecture*, New York, 1973) 第七章；德鲁，《第三代——建筑含义的变化》(Philip Drew, *Third Generation: The Changing Meaning of Architecture*, London, 1972) 第 102—113 页。

六

无论是外观还是内部，蓬皮杜中心大楼都很像一座工业性或技术性建筑。作为艺术与文化中心，它缺少艺术性和文化气息；作为国家建筑，它缺乏纪念性。

可是不应该把缺点全归之于建筑师。他们是很为难的。皮阿诺说："起初我们为建造一个全国性的文化建筑所吸引，后来开始感到，当文化正处于不说是危机也是变乱状态的时候，这项任务本身就是矛盾的。"[1]这是时代和社会的矛盾。除去物质条件外，崇高的建筑艺术和纪念性还要有崇高的社会理想作为思想基础。然而，这样的思想在哪里呢？现代资本主义社会有极发达的物质经济条件，但那个社会现在缺少值得表现的崇高精神和理想。

还应该看到，同资产阶级社会中许多敏感的知识分子一样，"阿基格拉姆"的成员中也怀有对那个社会的不满。在建筑思想方面激烈地否定公认的原则和权威，同他们对社会的总的态度很有关系。60年代，西欧各国的青年中酝酿着对统治集团的对立情绪，到1968年终于爆发为占领校园和政府机关、公开向统治集团造反的革命风暴。社会政治运动是许多激进的建筑流派的政治基础。美国建筑史家詹克斯（C. Jencks）认为60年代英国许多建筑流派的出现是"政治力量变动"的表现[2]。这是比较深刻的见解。

---

1 《与波布文化中心的建筑师的谈话摘要》，法国《今日建筑》，1973年7—8月号。
2 詹克斯，《建筑中的现代运动》，第280页。

罗杰斯本人也对资本主义社会提出了相当深刻的批评。1976 年 6 月在英国建筑师皇家学会的讲演中，他列举资本主义社会的许多弊病，他说："现代的社会经济制度使 2/3 的人类营养不良，没有适当的房屋可住。"他指出，"尽管我们有良好的意愿，我们的建筑师却把社会的需要撇在一边，只是去加强现存制度。因为我们的生活来源仰仗于现存制度，这是一个悲剧。"他愤慨地说："大多数建筑师温驯地执行业主交给他们的任务，这些业主唯一的目的是赚钱，成功的建筑师对无报酬的公众事务不闻不问，他唯一的工作是帮助给他报酬的业主赚更多的利润，从而为自己捞得金钱、势力和以后的工作。我们怎能把自己看作是为人民利益工作的自由职业者呢！我认为，不改造我们这种消极的思想体系，就不能根本改变建筑的品质。"[1]

一个资本主义社会中的建筑师，怀有这样的思想是值得钦佩的。了解了他的这些思想和态度，就可以看到他的建筑观点所具有的政治含义。在资本主义社会中，业主常常是资本家，罗杰斯主张"超越业主提出的特定任务的界限"，就意味着建筑师不要温驯地屈从于老板们唯利是图的要求；他提出建筑要设计得"让人在室内和室外都能够自由自在地活动"，意味着建筑师要尽量为普通人的利益着想。就连古怪的建筑形式有时也包含着进步的政治倾向。普列汉诺夫在 1912 年写道："离奇古怪的服装，也像长头发一样，被年轻的浪漫主义者用来作为

---

1 罗杰斯 1976 年 6 月 15 日在英国建筑师皇家学会的讲演《建筑之探讨》，该会会刊（*RIBA Journal*），1977 年 1 月号，第 11 页。

对抗可憎的资产者的一种手段了。苍白的面孔也是这样的一种手段，因为这好像是对资产阶级的脑满肠肥的一种抗议。"[1] 把水管子和电缆放到国家建筑的门脸上，当一国的总统要求拆除它们时，还把这要求当作讨厌的政治压力而借故拒绝。这不是单纯的为艺术而艺术，这些举动的后面包含着对正统观念的挑战、对权威的轻视以及对当权者的对抗。(图6—图9)

　　建筑的因素比较复杂，牵连方面很广，现代建筑尤其如此。对于像蓬皮杜中心这样的建筑不能也不应该简单地用好或坏加以肯定或否定。总的说来，蓬皮杜中心大楼不是一个在一般意义上成功的国家性的文化建筑。有人说，它是建筑中的新的先

图6. "阿基格拉姆"派的"行走城市"设想（1964）

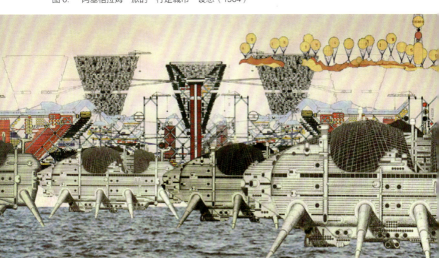

1　普列汉诺夫《没有地址的信：艺术与社会生活》，人民文学出版社，1962年，第211页。

图 7. 蓬皮杜中心的露台

图 8. 蓬皮杜中心内部展览

图 9. 蓬皮杜中心外部展览

驱，你现在看不出它的妙处，但它将来会得到普遍的尊敬。或许会这样吧，但这个结论要待后人去下。

（原载于《论现代西方建筑》，中国建筑工业出版社，1997，有删改）

柯布西耶与朗香教堂

1955 年，勒·柯布西耶设计创作的朗香教堂（The Pilgrimage Chapel of Notre Dame du Haut at Ronchamp）落成，它立即在全世界建筑界引起轰动（图 1）。

时至今日，我每次向建筑学专业的学生询问看法时，仍然听到大量热烈的赞叹。几位研究生告诉我，在他们的心目中，朗香教堂的建筑形象在当今世界建筑艺术作品中排名不是第一也是第二。

这是令人惊讶的。在世界建筑史上，基督教教堂何止千万，著名杰作也不在少数，何以这个山中的小小教堂竟如此引人注目，令许多人赞赏不迭，连与基督教丝毫沾不上边的人都为之心折，这是什么缘故呢？

再说，勒·柯布西耶是大家知道的现代主义建筑的旗手，当年他大声号召建筑师向工程师学习，要从汽车、轮船、飞机的设计制造中获取启示。他的名言："房屋是居住的机器"言犹在耳，人们记得他是很主张理性的。那么，这么一位建筑师怎么又创作出朗

图 1. 朗香教堂（1950—1955）

香教堂这样怪里怪气的建筑来了呢？难道我们可以说朗香教堂
还是理性的产物嘛！

　　如果不是，那又是什么呢？是什么样的背景和思想促成了
那个朗香教堂？大家都说建筑创作要有灵感，勒·柯布西耶创
作朗香教堂时从哪儿来的灵感呢？

　　我想这些都是有兴趣的问题。

　　朗香教堂诞生至今已经过去了 37 年，37 年在建筑通史书
上不算长，在当代建筑史上又不算太短。许多建筑物和世间许
多事物一样，距离太近不容易看得清楚，不容易评论恰当。间
隔一段时间倒好一点。朗香教堂落成 37 年，柯布西耶过世 27
年。现在更多的资料、文献、手迹、档案被收集，被整理，被
研究了；研究者们发表了许多研究报告，帮助我们了解得多一

些，使我们可以再做一番思考。

一、朗香教堂何以令人产生强烈印象

不管你喜欢还是不喜欢，不管你信教还是不信教，也不论你见到了实物还是只看到图或影片，朗香教堂的形象令人产生强烈的、深刻的，从而是难忘的印象，并非教堂的规模、技术和经济问题，以及作为一个宗教设施它合用到什么程度，重要的是，建筑造型的视觉效果和审美价值。

大家都有这样的经验，平日我们看到许多建筑物，有的眼睛一扫而过，留不下什么印象，有的眼睛会多停留一会儿，留下多一点的印象。差别就在于有的建筑能"抓人"，有的"抓不住"人。朗香教堂属于能"抓人"的建筑，而且特别能"抓"。为什么呢？

我想这首先是由于它让人感到陌生，有陌生感或陌生性。我们从日常生活中都形成了一定的关于房屋是什么样子的概念。如果直接或间接见到过一些基督教堂的人，心目中又形成基督教堂大致是什么样子的概念，我们观看一座建筑物的时候总是不自觉地将眼前所见同已有的概念做比较。如果一致，就一带而过，不再注意，如果发现有差异，就要检验、鉴别，注意力被调动起来了。与以往习见的同类事物有差异，就引起陌生感。

朗香教堂像人们习见的房屋吗？不像。像人们见过的那些基督教堂吗？也不像。它太"离谱"了，因此反倒引人注意。

20 世纪初，俄国文学研究中的"形式主义学派"对文学作品中的"陌生化"做过专门研究。他们说，文学的语言、诗的语言同普通语言相比，不仅制造陌生感，而且本身就是陌生的。诗歌的目的就是要颠倒习惯化的过程，使我们已经习惯的东西"陌生化"，"创造性地损坏"习以为常的东西、标准的东西，以便"把一种新的、童稚的、生机盎然的前景灌输给我们"。又说陌生化的文学语言"把我们从语言对我们的感觉产生的麻醉效力中解脱出来"，诗歌就是对普通语言的破坏，是"对普通语言'有组织'的侵害"[1]。

从文学中观察到的这些原理，在建筑和其他造型艺术门类中也大体适用。陌生化是对约定俗成的突破或超越。当然，陌生化是相对的。百分之百的陌生化，全然摆脱人们熟知的形象，会使作品完全变成另外一种东西，也就达不到预期的效果。陌生化有一个程度适当的问题。

柯布西耶在朗香教堂的形象处理中最大限度地利用了"陌生化"的效果。它同建筑史书上著名的宗教建筑都不一样，人们不能对之漠然。同时，朗香教堂的形象也还有熟悉的地方。屋顶仍在通常放屋顶的地方；门和窗尽管不一般，但仍然叫人大体猜得出是门和窗。它们是陌生化的屋顶和门窗。正在所谓的似与不似之间，最大限度然而又是适当的陌生化的处理，是朗香教堂一下子把人吸引住的第一关键。

朗香教堂的引人之处又在于它有一个非常复杂的形象结构。20世纪初期，勒·柯布西耶和他的现代主义同道们提倡建筑形象的简化、净化。柯布西耶本人在建筑圈内与美术界的立体主义派呼应，大声赞美方块、圆形、矩形、圆锥体、球体

---

1 特·霍克斯，《结构主义和符号学》，第61、70页。

等简单几何形体的审美价值。20 年代和稍后，柯布西耶设计的房屋即使内部相当复杂，外形总是处理得光净简单。萨伏伊别墅即是一例，很难找出一个比它更简单光溜的建筑名作了。

然而，在朗香，柯布西耶放弃了往日的追求，走向简化的反面——复杂。试看朗香教堂的立面处理，那么一点的小教堂，4 个立面竟然各个不同（图 2—图 6）。初次如果单看一面，决想不出其他三面是什么模样；看了两面，还是想象不出第三面、第四面的形象，4 个立面，各有千秋，与萨伏伊别墅不可同日而语。再看那些窗洞形式，也是不怕变化，只怕单一。再看教堂的平面（图 7），那些曲里拐弯的墙线，和由它们组成的室内空间，也都复杂多变。当年柯布西耶很重视设计中的控制线和法线的妙用，现在都甩开了，平面构图找不出规律，立面也看不出什么章法。如果一定说有规律，那也是太复杂的规律。萨伏伊别墅让人想到古典力学，想到欧几里得几何学；朗香教堂则使人想到近代力学、非欧几何。总之，就复杂性而言，今非昔比。

然而有一点要指出的，也是朗香的好处——它的复杂性与中世纪哥特式教堂不同。哥特式的复杂在细部，达到了烦琐的程度，而总体布局结构倒是简单的、类同的、容易查清的。朗香的复杂性相反，是结构性的复杂，而其细部，无论是墙面还是屋檐，外观还是内里，仍然相当简洁。

朗香教堂有一个复杂结构，而复杂结构比之简单结构更符合现在人们的审美心理。如果说萨伏伊别墅当初是新颖的，有人喝彩的；纽约联合国总部大厦当年也是新颖的，有人叫好的，那么，今天再拿出类似的货色，绝对不会受到广泛的欢迎。简单整齐的东西，举一可以反三，容易让人明白的东西，现在被

图 2. 朗香教堂东南角

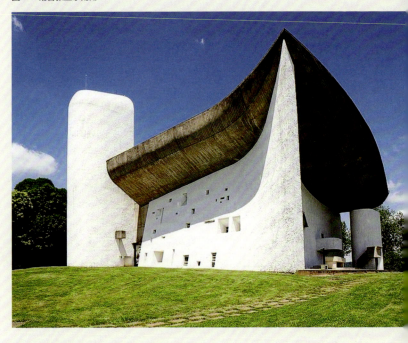

图 3. 朗香教堂东北角

图 4. 朗香教堂背面

图 5. 朗香教堂正面

图 6. 朗香教堂屋顶

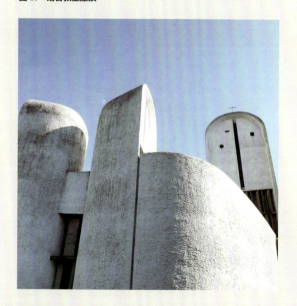

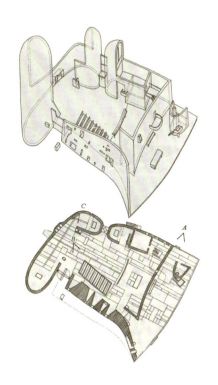

图7. 朗香教堂结构图

看成白开水一杯，失去了吸引力。简单和少联系在一起，密斯坚持到底，也就栽在这里。不是吗，文丘里一句"少不是多"，又一句"少是枯燥"，就把密斯给否了。语云"此一时也，彼一时也"，当代人喜欢复杂的东西，揆之时下的服装潮流，即可证明。

　　这是就社会审美心态的变迁而言。格式塔心理学家在学理上也有解释。他们研究证明，格式塔即图形有简单和复杂之分。人对简单格式塔的知觉和组织比较容易，从而不费力地得到轻松、舒适之感，但这种感觉也就比较浅淡。视知觉对复杂的格式塔的感知和组织比较困难，它们唤起一种紧张感，需要进行积极的知觉活动。可是一旦完成之后，紧张感消失，人会得到更多的审美满足。所以简单格式塔平淡如水，复杂格式塔浓酽如茶如酒。付出得多，收获也大。朗香教堂的复杂形象就有这样的效果。

对于朗香教堂的形象，人们观感不一。概括起来，认为它优美、秀雅、高贵、典雅、崇高的人很少，说它怪诞的最多。晚近的美学家认为怪诞也是美学的范畴之一，朗香教堂可以归入怪诞这一范畴。

上面说了陌生感和复杂性，似乎就包含了怪诞，不必再单说。可是三者既有联系，又互相区别。譬如看人，陌生者和性格经历复杂之人并不一定怪诞，怪诞另有一功。

怪诞就是反常，超越常规，超越常理，以至超越理性。对于朗香教堂，用建筑的常理常规，无论是结构学、构造学、功能需要、经济道理、建筑艺术的一般规律等等，都说不清楚。我们面对那造型，一种莫名其妙、匪夷所思的感想立即油然而生。为什么？就是建筑形象太怪诞了。

朗香教堂的怪诞同它的原始风貌有关。它兴建于 1950—1955 年间，正值 20 世纪中期，可是除了那个金属门扇外，几乎再没有现代文明的痕迹。那粗粝敦实的体块、混沌的形象、岩石般稳重地屹立在群山间的一个小山包上。"水令人远，石令人古"，它不但超越现代建筑史、近代建筑史，而且超越文艺复兴和中世纪建筑史，似乎比古罗马和古希腊建筑还早，很像原始社会巨石建筑的一种，"白云千载空悠悠"。朗香教堂不仅是"凝固的音乐"，而且是"凝固的时间"——永恒的符号时间。时间都被它打乱了，这个怪诞的建筑物！

由此又生出神秘性。朗香教堂那沉重体块的复杂组合，似乎蕴藏着一些奇怪的力。它们互相拉扯，互相顶撑，互相叫劲。

力要迸发，又没有迸发出来，正在挣扎，正在扭曲，正在痉挛。引而不发，让人揪心。

大多数建筑物，即使单从外观也能大体上看出它们的性质和大致的用途。毛主席纪念堂、美国国会大厦、各处的饭店、商场、车站、住宅，都比较清楚。另外一些建筑就不那么清楚了，如巴黎蓬皮杜中心、悉尼歌剧院等等，需要揣测，可以有多种联想。因为它们唤起的意象是不明确的，有多义性，不同的观看者可以有不同的联想。同一个观看者也会产生多个联想。

朗香教堂的形象就是这样的，有位先生曾用简图显示朗香教堂可能引起的 5 种联想，或者称作 5 种隐喻，它们是合拢的双手、浮水的鸭子、一艘航空母舰、一顶修女的帽子、攀肩并立的两个修士（图 8）[1]。耶鲁大学艺术系教授 V. 斯库利（Vincent Scully）又说朗香教堂能让人联想起一只大钟、一架起飞中的飞机、意大利撒丁岛上某个圣所、一个飞机机翼覆盖的洞穴，它插在地里，指向天空，实体在崩裂，在飞升……[2]一座小教堂的形象能引出这么多的联想，太妙了。而这些联想、意象、隐喻没有一个是清楚肯定的，它们在人的脑海中还会合并、叠加、转化。所以我们在审视朗香教堂时，会觉得它难于分析，无从追究，没法用清晰的语言表达我们的复杂体验。

而这不是缺点，不是缺陷。朗香教堂与别的一看就明白的建筑物的区别正如诗与陈述文的区别一样。写陈述文用逻辑性推理的语言，每个词都有确切的含义，语法结构严谨规范。而诗的语法结构是不严谨的，不规范的，语义是模糊的。"感时

---

1 Jencks，*The Language of Post-Modern Architecture*，1977，Rizzoli，p.49.
2 *Le Corbusier*，1987，Princeton，NJ，p. 53A.

图 8. 朗香教堂内部窗

花溅泪，恨别鸟惊心"，能用逻辑推理去分析吗？"秋水清无力，寒山暮多思"，能在脑海中固定出一个确定的意象吗？相对于日常理性的模糊不定、多义含混更符合某些时候某些情景下人心理上的复杂体验，更能触动许多人的内心世界。诗无达诂，正因为这样反倒有更大的感染力。

两千多年前传下来的中国古籍《老子》（第二十一章）中有这样的话：

道之为物，惟恍惟惚。

惚兮恍兮，其中有象。

恍兮惚兮，其中有物。

窈兮冥兮，其中有精。

其精甚真，其中有信。

这些话不是专门针对美学问题，然而接触到艺术世界和人的审美经验中的特殊体验。在艺术和审美活动中，人们能够在介乎实在与非实在、具象与非具象、确定与非确定的形象中得到超越日常感知活动的"恍惚"，并且感受到"其中有精"，"其中有信"。可以说朗香教堂作为一个艺术形象，正是一种"窈兮冥兮"的恍惚之象，它体现的是一种恍惚之美。20世纪中期的一个建筑作品越出欧洲古典美学的轨道，而同中国古老的美学精神合拍，真是值得探讨的有意思的现象。

总之，陌生、惊奇感、突兀感、困惑感、复杂、怪诞、奇崛、神秘、朦胧、恍惚、"剪不乱、理还乱"、变化多端、起伏跨度很大的艺术形象，其中也包括建筑形象，在今天更能引人注目，令人思索，耐人寻味，触发人的复杂心理体验。因为当代有愈来愈多的人具有这样的审美心境和审美要求。朗香教堂满足这样的审美期望，于是在这一部分人中就被视为有深度、有力度、有广度、有烈度，从而被看作最有深意与魅力的少数建筑艺术作品之一。

朗香教堂属于建筑中的诗品，而且属于朦胧派。

二、朗香教堂是如何构思出来的

从事建筑设计的人对这个题目大概都有兴趣。如果柯布西耶还健在，当然最好是请他自己给我们解说清楚，可惜他死了。其实，柯布西耶生前说了不少和写了不少关于朗香教堂的事情，都是很重要的材料，可是还不够。应该承认，有时候创作者也不一定能把自己的创作过程讲得十分清楚。有一次，那是朗香教堂建成几年后的事，勒·柯布西耶自己又去到那里，他很感

叹地问自己："可是，我是从哪儿想出这一切来的呢？"柯布
西耶大概不是故弄玄虚，也不是卖关子。艺术创作至今仍是难
以说清的问题，需要深入细致的科学研究。柯布西耶死后，留
下大量的笔记本、速写本、草图、随意勾画和注写的纸片，他
平素收集的剪报、来往信函，等等。这些东西由几个学术机
构保管起来，勒·柯布西耶基金会收藏最集中。一些学者在
那些地方进行多年的整理、发掘和细致的研究，陆续提出了
很有价值的报告。一些曾经为柯布西耶工作的人也写了不少
回忆文章[1]。各种材料加在一起，使我们今天对于朗香教堂的
构思过程有了稍为清楚一点的了解。

勒·柯布西耶关于自己的一般创作方法有下面一段叙述：

> 一项任务定下来，我的习惯是把它存在脑子里，几个月一
> 笔也不画。
>
> 人的大脑有独立性，那是一个匣子，尽可能往里面大量存
> 入同问题有关的资料信息，让其在里面游动、煨煮、发酵。
>
> 然后，到某一天，喀哒一下，内在的自然创造过程完成。
> 你抓过一支铅笔、一根炭条、一些色笔（颜色很关键），在纸上
> 画来画去，想法出来了。

这段话讲的是动笔之前，要做许多准备工作，要在脑子中
酝酿。

---

1 这里特别要提出的是 Daniele Pauly 写的一篇文章《朗香教堂——勒·柯布西耶创造过程
的一个例子》（ *The Chapel of Ronchamp as an Example of Le Corbusier's Creative
Process* ），见 H. A. Brooks, ed., *Le Corbusier*, Princeton, 1987。

创作朗香时，在动笔之前柯布西耶同教会人员谈过话，深入了解天主教的仪式和活动，了解信徒到该地朝山进香的历史传统，探讨关于宗教艺术的方方面面。柯布西耶专门找来介绍朗香地方的书籍，仔细阅读，并且做了摘记，大量的信息输进脑海。

过了一段时间，柯布西耶第一次去布勒芒山（Hill of Bourlemont）现场时，已经形成某种想法。柯布西耶说他要把朗香教堂搞成一个"形式领域的听觉器件"（acoustic component in the domain of form），它应该像（人的）"听觉器官一样的柔软、微妙、精确和不容改变"[1]。

第一次到现场，柯布西耶在山头上画了些极简单的速写，记下他对那个场所的认识。他写下了这样的词句："朗香？与场所连成一气，置身于场所之中。对场所的修辞，对场所说话。"在另一场合，他解释说："在小山头上，我仔细画下 4 个方向的天际线……用建筑激发音响效果——形式领域的声学"。

把教堂建筑视作声学器件，使之与所在场所沟通。进一步说，信徒来教堂是为了与上帝沟通，声学器件也象征人与上帝声息相通的渠道和关键。这可以说是柯布西耶设计朗香教堂的建筑立意，一个别开生面的巧妙的立意。

1950 年 5 月到 11 月，是形成具体方案的第一阶段。现在发现最早的一张草图作于 1950 年 6 月 6 日，画有两条向外张开凹曲线，一条朝南，像是接纳信徒，教堂大门即在这一面；另一条朝东，面对空场上参加露天仪式的信众。北面和西面两

---

1 《勒·柯布西耶全集：1946—1952》，第 88 页。

条直线，与曲线围合成教堂的内部空间。

另一幅画在速写本上的草图显示两样东西：一是东立面。上面有鼓鼓地挑出的屋檐，檐下是露天仪式中唱诗班的位置，右面有一根柱子，柱子上有神父的讲经台。东立面布置得如同露天剧场的台口。朗香教堂最重大的宗教活动，是一年两次信徒进山朝拜圣母像的传统活动，人数过万，宗教仪式和中世纪传下来的宗教剧演出就在东面露天进行。草图只有寥寥数笔，但已给出了教堂东立面的基本形象。这一幅草图上另画着一个上圆下方的窗子形象，大概是想到教堂塔顶可能用的窗形。

此后，其他一些草图进一步明确教堂的平面形状，北、西两道直墙的端头分别向内卷进，形成 3 个半分隔的小祷告室，它们的上部突出屋顶，成为朗香教堂的 3 个高塔。有一张草图勾出教堂东、南两面的透视效果。整个教堂的体形渐渐周全了，然后把初步方案图送给天主教宗教艺术事务委员会审查。

委员会只提了些有关细节的意见。1959 年 1 月开始，进入推敲和确定方案的阶段，工作在柯布西耶事务所人员协助下进行。这时做了模型——为推敲设计而做的模型，一个是石膏模型，另一个用铁丝和纸扎成。对教堂规模尺寸做了压缩调整。柯布西耶说要把建筑上的线条做得具有张力感，"像琴弦一样！"整个体形空间愈加紧凑有力。把建成的实物同早先的草图相比，确实越改越好了。

现在让我们回到柯布西耶自己提的问题：他是从哪儿想出这一切来的呢？这个问题也正是我们极为关心的问题之一。是天上掉下来的吗？是梦里所见的吗？是灵机一动，无中生有出现的吗？ D. 保利先生经过多年的研究，解开了朗香教堂形象的来源之谜。他认为，柯布西耶是有灵感的建筑师，但灵感不是凭空而来，它们也有来源，源泉就是柯布西耶毕生不懈努力、广泛收集、储存在脑海中的巨量信息。

柯布西耶讲过一段往事：1947 年他在纽约长岛的沙滩上找到一只空的海蟹壳，发现它的薄壳竟是那样坚固，柯布西耶站到壳上都不破。后来，他把这只蟹壳带回法国，同他收集的许多"诗意的物品"放到一起。这只蟹壳启发出朗香教堂的屋顶形象。保利在一本柯布西耶自己题名"朗香创作"的卷宗中发现柯布西耶写的字句：

> 厚墙·一只蟹壳·设计圆满了·如此合乎静力学·我引进蟹壳·放在笨拙而有用的厚墙上。

在朗香教堂那弯弯曲曲的墙体上，安置了一个可以说是仿生的屋盖。

这个大屋盖由两层薄钢筋混凝土板合成，中间的空当有两道支撑隔板，柯布西耶的一幅草图示意其做法仿自飞机机翼结构。朗香那奇特的大屋盖原来同螃蟹与飞机有关。

关于朗香教堂的 3 座竖塔，保利认为可能同中东地区的犹太人墓碑有关。柯布西耶藏有一张那种墓碑的图片，还在上面加了批注。竖塔同墓碑造型有相似的地方，不过没有发现更多的证明材料。朗香教堂的 3 个竖塔上开着侧高窗，天光从窗孔进去，循着井筒的曲面折射下去，照亮底下的小祷告室，光线神秘柔和，采光竖塔类似潜望镜的作用。这种方法是从很早的建筑物中得到的启发。1911 年柯布西耶在罗马附近的蒂沃里（Tivoli）参观古罗马皇帝亚德里安行宫遗迹，一座在崖壁中挖成的祭殿，就是由管道把天然光线引进去的。柯布西耶当即在速写本上画下这特殊的采光方式，称之为"采光井"。几十年以后，在设计圣包姆地下教堂的时候，柯布西耶曾想运用这种采光井，不过没有实现。在朗香的设计中，他有意识地运用这种方式。在《朗香创作》卷宗内一幅速写旁边，柯布西耶写道：

> 一种采光！余 1911 年在蒂沃里古罗马石窟中见到此式——朗香无石窟，乃一山包。[1]

朗香教堂的墙面处理和南立面上的窗孔开法（图 9—图 10），据认为同柯布西耶 1931 年在北非的所见有关。那时他曾到阿尔及利亚的摩札比河谷旅行，对那里的民居很感兴趣，画了许多速写。他在一处写道，摩札比的建筑物"体量清楚，色彩明亮，白色粉刷起主导作用，一切都很突出，白色中的黑色，印象深刻，坦诚率真"。摩札比的建筑墙厚窗小，他特别注意：摩札比人在厚墙上开窗极有节制，窗口朝外面扩大，形成深凹的八字形，自内向外视野扩大，自外边射进室内的光线又能分散开来。保利在他的文章中拿北非民间建筑图说明朗香教堂墙面处理和开窗方式与之相当接近。其实包括法国南部在内的地中海沿岸地区，民间建筑多有类似的处理和做法，大都因为那边的阳光极其强烈。

朗香教堂的屋顶，东南最高，向上纵起，其余部分东高西低，造成东南两面的轩昂气势，特别显出东南转角的挺拔冲锋

---

1 转自保利文章，柯布西耶在蒂沃里画的速写图上注明日期是 1910 年 10 月。可能追忆时日期写错了。

图 9.　朗香教堂讲堂

图 10.　朗香教堂内景

之动态。这个坡度很大的屋顶也有收集雨水的功能，因为山中缺水，屋面雨水全都流向西面的一个水口，再经过伸出的一个泄水管注入地面水池。研究者发现，那个造型奇特的泄水管也有来历。1945 年，勒·柯布西耶在美国旅行时经过一个水库，他当时把大坝泄水口速写下来，图边写道："一个简单的直截了当的造型，一定是经过实验得来的，合乎水力学的体形"，时间是 1945 年 5 月 14 日。朗香教堂屋顶的泄水管同那个美国水利工程上的泄水口确实相当类似。

上面这些情况说明一个问题，像勒·柯布西耶这样的世界级大师，其看似神来之笔的构思草图，原来也都有其来历。当然，如果我们对一个建筑师作品的一点一滴都要简单生硬和牵强附会地考证其来源根据是没有意义的。建筑创作和文学、美术等一切创作一样，过程和创作极其复杂，一个好的构思像闪电般显现，如灵感的迸发，难以分析甚至难以描述。但重要的是，从朗香教堂的创作中，我们可以看到那是在怎样深广厚实的信息资料积蓄之上的灵感迸发。

建筑创作特别是在朗香教堂这样的表意性很强的项目上，建筑师最大的辛苦第一在立意，第二在塑造一个具体的建筑形象，适用、坚固又表达出所立之意。中国绘画讲"意在笔先"，因为水墨画要一气呵成。在建筑的设计和创作过程中，意和笔即意和形象的关系是双向互动的，有初始的"意在笔先"，又有"意在笔下"和"意在笔后"，意和笔或意和象之间，正馈和反馈，来来回回，反复切磋，经过一个过程，才有一个完满意象。现在披露的朗香教堂创作过程的许多草图，说明勒·柯布西耶这样的大师的作品也并非一蹴而就。这本是建筑创作的常规。可是笔者在建筑学堂里不时见到这样的学生，实行君子动口不动手的原则，爱说不爱画，老是有意而无象，最后乱糟糟。看了柯布西耶的工作过程，这样的学生应该得些教益。

从柯布西耶创作朗香教堂的例子，还可以看到一个建筑师脑中贮存的信息量同他的创作水平有密切的关系。从信息科学的角度看，建筑创作中的"意"属于理论信息，同建筑有关的"象"属于图像信息。建筑创作中的"立意"，是对理论信息的提取和加工。脑子中贮存的理论信息多，意味着思想水平高，立意才可能高妙。在创作过程中，有了一定的立意，创作者就按此向脑子中的图像信息库检索并提取有用的形象素材；素材不够，就去摄取补充新的图像信息（看资料）；经过筛选、融汇，得到初步合乎立意的图像，于是可以下笔，心中的意象见诸纸上，形成直观可感的形象，一种雏形方案产生了。然后加以校正，反复操作，直至满意的形象出现。

我们的脑子在创作中能将多个原有形象信息——母体形象信息，或是它们的局部要素，加以处理，重新组合，重新编排，产生新的形象——子体形象信息。人类的创造方法多种多样，信息杂交也是其中一个重要的途径。朗香教堂的形象在不小的程度上采用了这种方式。

我们不能详细讨论建筑创作方法和机制的各个方面，只是想指出，朗香教堂的创作，同柯布西耶毕生花大力气收集、存储同建筑有关的大量信息——理论信息与图像信息有直接关系。他的作品的高水准同他脑子中贮存的大量信息密不可分。创造性与信息量成正比。

建筑师收集和存贮图像信息最重要的也是最有效的方法是动手画。这也是柯布西耶自己采用并且一再告诉人们的方法。他旅行时画，看建筑时画，在博物馆和图书馆中画，早年画得尤勤，通过眼到、手到，就印到了心里。1960 年他在一处写道：

> 为了把我看到的变为自己的，变成自己的历史的一部分，看的时候，应该把看到的画下来。
>
> 一旦通过铅笔的劳作，事物就内化了，它一辈子留在你的心里，写在那儿，铭刻在那儿。
>
> 要自己亲手画。跟踪那些轮廓线，填实那空当，细察那些体量，等等，这些是观看时最重要的。也许可以这样说，如此才够格去观察，才够格去发现……只有这样，才能创造。你全身心投入，你有所发现，有所创造，中心是投入。[1]

柯布西耶常常讲他一生都在进行"长久耐心的求索"（"long，patient search"）。

朗香教堂具体的创作设计时间毕竟不长。那最初有决定性的草图确是刹那间画出来的，然而刹那间的灵感迸发，却是他"长久耐心的求索"的结晶，诚如王安石诗云"成如容易却艰辛"！

三、从走向新建筑到走向朗香

现在我们换一个角度，即从较大的时空范围来考察朗香教堂的出现。

70 年前，柯布西耶在他参与编辑的法国《新精神》杂志上发表一系列关于建筑的论文，并于 1923 年结集出版，题名

---

1 *Le Corbusier*, p.133.

《走向一种建筑》(*Vers une architecture*)(图 11),英译本题名 *Towards the New Architecture*,译者加上了一个"New"字,中文译本也随之题名《走向新建筑》。

图 11. 《走向新建筑》封面

不论书名有无"新"字,书的内容确确实实在召唤新建筑。1923 年,第一次世界大战结束不久,柯布西耶 36 岁,血气方刚,意气风发,他大声疾呼:"一个伟大的时代开始了,这个时代存在一种新精神。"

什么新精神?柯布西耶首先看到了工业化带来的新精神,"这个时代实现了大量的属于这种新精神的产品,这特别在工业产品中更会遇到",而且,这"工业像一股洪流,滚滚向前,冲向它注定的目标,给我们带来了适合于受这个新精神鼓舞的新时代的新工具"。他斥责当时大多数建筑师对工业、工业产品和其中包含的新时代的新精神视而不见,置若罔闻。书中特别举出轮船、汽车与飞机这三样工业产品,论述它们的优越之处,要求建筑师睁开眼睛,好好研究,并且要建筑师向生产工业品的工程师好好学习。柯布西耶这个时候对工业化带来的多种事物都大加赞赏,"我们的现代生活……曾经创造了自己的东西:衣服、自来水笔、自动铅笔、打字机、电话,那些优美的办公室家具,厚玻璃板、箱子、安全剃刀……",这些东西都是机器的产品，很多本身就是机器。这个时候，柯布西耶不仅看到机器和机器产品的优越性能，而且将机器提升到道德、情感和美学的高度。他写道："每个现代人都有机械观念，这种对机械的感受是客观存在而且被我们的日常活动所证明。它是一种尊敬，一种感激，一种赞赏。""在对机械学的感受中有一种道德上的含义。""机器，人类事物中的一个新因素，已经唤起了一种新的时代精神。"

这些话语透露的是对工业化和机器的极大崇敬，几乎是一种崇拜，接近于机器拜物教。

作为建筑师，他自然要从这样的观点重新审视从工业化时期以前流传下来的建筑、建筑学和建筑艺术，这就导致他对传统建筑的猛烈批判，对 20 世纪初建筑界守旧习气的强烈不满。

"使用厚重的墙，在早期的日子里显然是必要的，但今天还是固执地坚持着，虽然薄薄的一片玻璃或砖隔墙可以从底层起建造 50 层楼。"

"今天建筑的立面时常采用大块石料，这就导致极不合理的结果……瓦顶，那个十分讨厌的瓦顶，还顽固地存在下去，这是一个不可原谅的荒谬现象。"

勒·柯布西耶提出一系列同传统相反的概念。

一幢房子将不再是一个厚实而笨重的东西，被认为永世不坏并作为一种财富的标志来炫耀。这将是一个工具，像汽车一样的工具。房子将不再是一件古董，用深深的基础扎根于土壤之中……

当时有人主张火车站建筑要有地方风格，对此，柯布西耶讥讽道：

> 马上想到的是地方主义！……在议会上鼓吹起来，做出决议案，向铁路公司施加压力，把从巴黎到迪亚普的 3 个小火车站都设计成不同的地方色彩，以显示它们的不同山丘背景，和它们附近不同的苹果树，说什么这是它们固有的特点，它们的灵魂等等。真是灾难性的牧羊神的笛子！

柯布西耶写道："自然界的物体和经过计算的产品，都是清晰而又明确地形成的，毫不含糊地组成的……清晰表达是艺术作品的主要特点。"关键在于，20 年代的柯布西耶主张在建筑艺术中清晰表达工业化，反对清晰表达"牧羊神"！

年轻的柯布西耶干脆给房屋重新下了一个定义："房子是住人的机器"。

一所房子是一个住人的机器，沐浴、阳光、热水、冷水、可调节的暖气、保藏食物、卫生、良好比例的美感。一把椅子是坐人的机器，如此等等。既然如此，自然的结论是"我们需要聪明而冷静的人来建造房子和规划城市"。

《走向新建筑》发表之后，20 世纪 20 年代和 30 年代，柯布西耶自己设计建造了不少的新建筑，萨伏伊别墅、瑞士学生宿舍、斯图加特建筑展览会中的两幢住宅（图 12、图 13）、巴黎救世军招待所、莫斯科真理报大楼、里约热内卢巴西教育部大厦（图 14），还有著名的日内瓦国际联盟总部大厦设计方案等等。能不能说勒·柯布西耶把这些建筑都是完全当作机器来处理的呢？不是的，它们并不是真正意义上的机器。要真是那

图 12.　柯布西耶在斯图加特建筑展览会上的两栋住宅

图 13.　柯布西耶在斯图加特建筑展览会上的两栋住宅之一

图 14.　里约热内卢巴西教育部大厦

样的话，勒·柯布西耶就不是勒·柯布西耶了。即使大声宣布房子是住人的机器的时候，勒·柯布西耶也不是单纯的实用主义者，他强调建筑要表现，表现工业化的力量、科技理性和机器美学，即他所谓的时代新精神。在 20 世纪初期，有相当一批建筑师鼓吹并实行建筑设计和创作方面的改革。勒·柯布西耶在理论和实践两方面都走在最前列，成为现代建筑运动公认的最有影响的旗手之一。

许多人预料和期待着勒·柯布西耶在第二次世界大战以后的建筑舞台上，沿着《走向新建筑》的路子继续领导世界建筑的新潮流。不料，他却推出了另一种建筑创作路径，他的建筑思想和风格出现了重大变化，虽然不是在战后他设计的每一幢建筑上都有同等的变化；虽然新的变化同他的战前风格并非决无联系，然而变化却是显著的。战后初期他创作了一座重要建筑作品马赛公寓大楼（L'unité d'habitation de Marseille，1946—1952）（图 15），与同一时期大西洋彼岸的纽约新建大楼形成强烈的对照。马赛公寓的造型壮实、粗粝、古拙，直至带有几分原始情调；纽约花园大道上的利华大厦（Lever House，New York，1950—1952）则是熠熠闪光，轻薄虚透的金属与玻璃大厦。马赛公寓被认为是所谓"粗野主义"（brutalism）的代表作，而利华大厦在许多方面却正符合柯布西耶在《走向新建筑》所预想和鼓吹的"新精神"。正符合《走向新建筑》中的那句话："薄薄的一片玻璃或砖隔墙可以从底层起建造 50 层楼。"

20 年代初，大多数美国人对欧洲兴起的现代建筑风格很不买账，坚持使用"厚重的墙"。到了 50 年代，美国大城市中心兴起"薄薄一片玻璃"的超高层建筑之风，柯布西耶自己反

图15. 马赛公寓大楼

倒喜爱起"厚重的墙"了。

古往今来，中外大艺术家在艺术生涯中常常进行艺术上的变法。如果说，柯布西耶在第一次世界大战后那段时间的道路可以称之为"走向新建筑"的话，那么，第二次世界大战之后，他的创作道路不妨称为"走向朗香"。前后两个"走向"，表示柯布西耶作为一位建筑艺术家，实现了一次重大的变法。

艺术上的变法意味着推陈出新，变也是对新情况新条件的适应。不久前一位著名的中国画家在法国举办画展，"一位法国评论家评论说，这位画家40年的画好像全在一天所作，没有喜怒哀乐的变化。华裔画家丁绍光对此深有感触，说'如果一个人画了一辈子，到头来只是笔法变得更遒劲了些，手法日臻娴熟，却几十年里不断重复一种美学，一种思想，那实在是很可悲的'。丁绍光认为'惟有不断求变，变出新的风格，新的美学观念，新的艺术价值观，才能立足世界'。"[1]

第二次世界大战之后，勒·柯布西耶建筑风格上的变法正是表现了一种新的美学观念和新的艺术价值观。概括地说，可以认为柯布西耶从当年的崇尚机器美学转而赞赏手工劳作之美；从显示现代化派头转而追求古风和原始情调；从主张清晰表达转而爱好混沌模糊，从明朗走向神秘，从有序转向无序；从常态转向超常，从瞻前转而顾后；从理性主导转向非理性主导。这些显然是十分重大的风格变化、美学观念的变化和艺术价值观的变化。

重大的风格、美学观念和艺术价值观的变化后面，必定还有深一层的原因存在，或者说，勒·柯布西耶的内心世界，一定发生了某种改变——人生观、世界观、宇宙观方面的改变。什么变化呢？

如果是一位哲学家，他会把自己的思想变化讲述得很清楚；如果是一位文学家，他的文学作品会反映思想上的细致变化。勒·柯布西耶是一位建筑师，后期又没有写出像《走向新建筑》那样完整的著作，我们只能从零碎的文字材料和作品本身探索大师后期的思想脉络。糟糕的是，我们作为外国人来进行这样的工作，条件更差，困难更多。虽然如此，不揣冒昧，仍愿意做一点尝试。

20 世纪初，对于西方社会的未来就有持怀疑和悲观看法的人，德国人斯宾格勒（Oswald Spengler，1880—1936）就在勒·柯布西耶写作《走向新建筑》的同时，写出了著名的《西方的没落》（1918—1922）一书。这样的人多是哲学家或

---

1 上海《文汇报》，1992 年 4 月 25 日。

历史学家，而大多数技术知识分子，受着工业化胜利的鼓舞，抱着科学技术决定论的观点，对工业化、科学技术、理性主义抱有信心，对西方社会的未来持乐观态度。从勒·柯布西耶的《走向新建筑》来看，他属于后者。在该书的最后部分，柯布西耶提到了革命的问题，但结论是："要么进行建筑，要么进行革命。革命是可以避免的。"仍然是技术自有回天力的观点。这时候的柯布西耶充满信心，非常乐观，眼睛向前看。

30 年代后期，欧洲阴云密布，现代建筑运动的一些代表人物移居美国。勒·柯布西耶没有动窝。第二次世界大战期间，法国沦陷，柯布西耶离开大城市，蛰居法国乡间。格罗皮乌斯、密斯·凡·德·罗等活跃于美国大都市和高等学府的时候，柯布西耶却亲睹战祸之惨烈，朝夕与乡民、手工业者和其他下层人士为伍，真的是到民间去了。

第二次世界大战结束之后，他回到世界建筑舞台，依然是世界级的建筑大师。由于现代主义建筑思潮在美国和世界更多地区大行其道，勒·柯布西耶的现代建筑旗手的声望比战前更加显赫。然而，这位大师经过"二战"的洗礼，内心世界却不比从前，思想深处发生了深刻而微妙的变化。

1956 年 9 月，勒·柯布西耶在他的全集引言中写了这样一段话：

我非常明白，我们已经到了机器文明的无政府时刻，有洞察力的人太少了。老有那么一些人出来高声宣布：明天——明天早晨——12 个小时之后，一切都会上轨道……

在杂技演出中，人们屏声息气地注视着走钢丝的人，看他冒险地跃向终点。真不知道他是不是每天都练习这个动作。如果他每天练功，他必定过不上轻松的日子。他只得关心一件事：达到终点，达到被迫要达到的钢丝绳的终点。人们过日子也都是这样，一天 24 小时，劳劳碌碌，同样存在危险。[1]

同 32 年前《走向新建筑》的满怀信心和激情的语言相比，这时的柯布西耶几乎换了一种心境。原来的确信变成怀疑。今天的日子很不好过，明天的世界究竟如何，他也觉得很不确定，没法把握。更早一点，在 1953 年 3 月，他还说过更消极、更悲观的话：

> 哪扇窗子开向未来？它还没有被设计出来呢！谁也打不开这窗子。现代世界天边乌云翻滚，谁也说不清明天将带来什么。一百多年来，游戏的材料具备了，可是这游戏是什么？游戏的规则又在哪儿？[2]

柯布西耶心境的改变，从信心十足到丧失信心是可以理解的。回想《走向新建筑》出版以后的那段日子吧：勒·柯布西耶几次重要方案被排斥；他还没有盖出更多的房子，1929 年世界经济大萧条就降临了；1933 年希特勒上台，法西斯魔影笼罩欧洲，人心惶惶；1937 年德国开始侵略战争，闪电战、俯冲轰炸机、集中营，大批犹太人被推入焚尸炉。千百万生灵涂炭，无数建筑化为灰烬，城市满目疮痍。文明的欧洲中心地区，

---

1 《勒·柯布西耶全集：1952—1957》，第 8 页。

2 《勒·柯布西耶全集：1946—1952》，第 10 页，引言。

相隔 20 年掀起两次空前的厮杀。人性在哪里？理性在哪里？工业、科学、技术起什么作用？人类的希望在哪里？勒·柯布西耶亲历目睹，无可逃避，无法逍遥，也无法解释，过去的信念不得不破碎了！斯复何言！

正像柯布西耶战前的思想不是属于他个人独有的那样，"二战"时期产生的消极、悲观、怀疑、失望的心态，也不是他个人特有的，而是在一定时期一定范围内出现的有普遍性的思想观念的一种表现。在普通人那里，这种有普遍性的思想观念呈现为零散的情绪和倾向，而哲学家会将它们集中起来，系统化、精致化、严密化，形成一种哲学。

"二战"期间在法国兴盛起来的存在主义哲学，是上述思想的集中，是它的提高和精炼。法国哲人萨特（J. P. Sartre，1905—1980）和加缪（A. Camus，1913—1960）"二战"期间在法国参加反法西斯的抵抗运动。萨特本人曾经被德国人俘虏又从集中营中逃出。在那战祸惨烈，人命危浅，朝不虑夕的日子里，他们发展了这样的观点：世界是荒谬的，存在是荒谬的。人是被抛到这个世界上来的，是孤独无援的，是被抛弃的。人凭感性和理性获得的知识是虚幻的。人越是依靠理性和科学，就越会使自己受其摆布。人只有依靠非理性的直觉，通过自己的烦恼、孤寂、绝望，通过自己非理性的心理意识，才可能真正体验自己的存在。加缪甚至说："严肃的哲学问题只有一个，那就是自杀。"

这是奇怪的，存在主义原来竟好像是反存在（自杀）！不过，这里不是讨论存在主义哲学的地方。我们只是想说，存在主义在"二战"时期和其后一段时间成为法国最主要的哲学流派是可以理解的，并且有其必然性。

图 16.　柯布西耶的模数人海报

　　我们现在没有什么资料和根据说明勒·柯布西耶同法国存在主义哲学家有过何种的联系和交往。这一点并不十分紧要，重要的是思想内容上的接近或相似。

　　萨特曾经写道："存在主义目的在于反对黑格尔的认识，反对一切哲学上的体系化，最后，是反对理性本身。"[1]

　　"反对理性"，是存在主义的一个核心思想。勒·柯布西耶早先大力颂扬理性，后期他不再称颂理性，相反，非理性、反理性的倾向更多显露出来。他在战后时期的作品中常常应用他

---

1 《西方现代资产阶级哲学论著选辑》，商务印书馆，第 398 页，1964 年。

独创的"模数"(Modulor)(图 16),他将一个人的体形按黄金分割不断分割下去,得出一系列奇特的数字,应用于建筑设计之中。这套奇特的模数制建立在一种要将人体与房子联系起来的信念之上,看似精确有理,实则并不有效,除了柯布西耶自己,再不见有什么人采用过。这套"模数"带有神秘信仰的色彩,它出现在大战时期而不是 20 年代不是偶然的。

勒·柯布西耶一生从事绘画。在文字、建筑作品之外,绘画也反映着他的思想及其变化。他写道:

> 自 1918 年以来,我每天作画,从不停顿。我从画中寻求形式的秘密和创造性,那情况就和杂技演员每日练习控制他的肌肉一个样。往后,如果人们从我作为建筑师所作的作品中看出什么道道来,他们应该将其中最深邃的品质归功于我私下的绘画劳作。[1]

柯布西耶点明他的绘画作品对于理解他的建筑作品的重要性。柯布西耶战前的绘画同立体主义画派相似,题材多为几何形体、玻璃器皿之类,后来又有人体器官入画,后期绘画题材愈见多样,形象益加奇怪,而含意更为诡谲。不了解底细的人无法理解,经过注释,才知道并非随便涂抹得来,而是有一定的寓意。他的思想从悲观、非理性又进一步带上迷信的成分(图 17)。

1947—1953 年间,柯布西耶画了一系列图画,有的还配了诗,1953 年结集出版,题名《直角之诗》(Le Poeme de

---

1 转引自美国 *Architecture* 杂志,1987 年 10 月号,第 31 页。

图 17. 柯布西耶的绘画作品

L'Angle Droit）。这本诗配画的"最深邃的品质"，反映着柯布西耶后期的思想信仰。

这本书当时印数有限，只有 200 册。在扉页上，勒·柯布西耶将书中的 19 幅图画缩小，组成一个图案，上下分为 7 层，左右对称。最上一层排着 5 幅图，往下依次为 3、5、1、3、1、1 幅。柯布西耶把这个图案称为 Iconostase，这个词原指东正教神龛前悬挂的屏幕，或神幡。"神幡" 7 层各有含义，由上到下依次代表：（1）环境——绿色；（2）精神——蓝色；（3）肉体——紫色；（4）融合——红色；（5）品格——无色；（6）奉献——黄色；（7）器具——紫蓝色（milieu，esprit，chair，fusion，caractère，offre，outil）。采用 "7" 这个数目，因为它被认为是"魔数"。

第 19 幅图画中的形象有公牛、月亮女神、怪鸟、山羊头、羊角、新月、独角兽、神鹰、半牛半人、巨手、平卧女像、哲人之石、石人头、天上的黄道带和多种星宿，还有古希腊人信奉的赫耳墨斯神及古罗马人信奉的墨丘利神（Hermes，Mercury，都是司传信、商业、道路的神祇），等等（图 18）。

30 年前，柯布西耶把轮船、汽车、飞机、打字机、可调节的暖气推到前面，要人们好好研习。30 年后，他又把神幡、半牛半人、哲人之石、黄道带和墨丘利神抬了出来，究竟是什么意思？

学者研究以后指出，这些图画内容与古代神话和炼金术有关 [1]。他画这些题材经过深沉的思索，处处有他的用意，显示

---

1 Richard A. Moore，*Alchemical and Mythical Themes in the Poem of the Right Angle，1947—1965*，*OPPOSITIONS 19/20*，MIT Press，1980，pp.110—139.

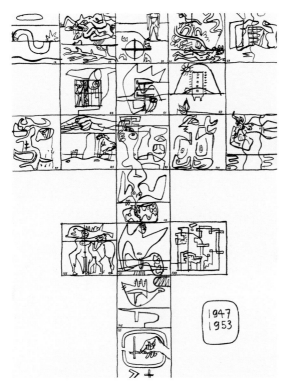

图 18. 《直角之诗》扉页

他后期的观念和信仰。

他相信天上的星宿同地上人间的命运有关，画中的摩羯座、金牛座、白羊座、天秤座等各有独特的意义。其他的图像有的象征善与恶，有的代表生与死、四时更迭、祸福转化、平衡太和（universal harmony），还有物质变精神，精神变物质，一种事物转化为另一种事物，以及返老还童、奉献礼拜等等。在这一切之中，柯布西耶不是旁观描述者，他参与其中，画中的"哲人之石"（the philosopher's stone）代表柯布西耶自

己。在画上，乌鸦也是柯布西耶自己的象征。或许因为法语中
的"乌鸦"（corbeau）与柯布西耶的名字切音的缘故。

这本诗画配表明他后期笃信：（1）魔力和魔法的存在；（2）
人间事物和过程受宇宙苍天的支配；（3）事物本性能够转化；
（4）相反相成的对立两极有同等重要性。

他写的诗句充满神秘主义的观念。例如：

面孔朝向苍天，

思索不可言传的空间，

自古迄今，

无法把握。

水流停止入海的地方，

出现地平面，

微小的水滴是海的女儿，

它们又是水汽的母亲。

一切都变异，

一切都转换，

变化至高无上，

映现在

幸福的层面上。

睡眠之深洞，

是宽厚的庇护所，

生命的一半在夜间。

睡眠的博览会，

那儿的储藏室之夜

丰富无比，

女人走过，

我睡着了，

啊，原谅我吧。

有一个时期，一部分西方知识分子兴起对古代神话、巫术和炼金术之类的兴趣。瑞士学者荣格于 1944 年出版专著《心理学与炼金术》，后来又出版《炼金术研究》。如果说柯布西耶后期的思想同这类著作有关或间接受到影响，不是没有可能的。

学者们又指出，柯布西耶后期神秘观念的另一来源是某些古代宗教教义，它们是 3—4 世纪流行的摩尼教（起源于波斯的二元论宗教），中世纪基督教的卡德尔教派（Cathar），11—13 世纪在法国南部流行的阿尔比教派（Albigensian）。论者指出柯布西耶母亲的家族过去秘密信奉阿尔比教派，但此点只是一种参考。

柯布西耶后期的这些信念和信仰多多少少会渗透到他的建筑活动中来。在建造马赛公寓时，柯布西耶坚持把开工日期定在 1947 年 10 月 14 日，后来又坚持把竣工日期定于 1953 年 10 月 14 日。有人指出这包含着一种对月亮的信仰。10 月份是柯布西耶出生的月份（生于 1887 年 10 月 6 日），按古代炼金术的历法，月亮周期为 28 天，取中得 14，开工日和竣工日相距 6 年之久，都在 10 月 14 日。纯属巧合的可能性是很小的。中国人过去盖房子，破土、上梁、竣工要看黄历，选个黄道吉日。1988 年 8 月 8 日在香港被视为大吉大利的日子——发发发发，财运一定亨通，香港中国银行新厦也选在那一天封顶。"二战"之后的勒·柯布西耶为马赛公寓选择他喜欢的吉日开工和竣工自是可能。

朗香教堂设计与修建的日子和柯布西耶写画《直角之诗》属同一时期，论者认为两者之间存在某种联系，例如，教堂的朝向与天象有关，露天布道台朝向东方，应的是黄道十二宫中的白羊座。白羊座主宰春天。东向代表"春天"，南向代表"冬天"，于是教堂东南角表示"冬天"与"春天"的转折。向上冲起的屋顶尖角象征摩羯座的独角兽，又是象征丰收的羊角（cornucopia）。教堂西边的贮水池中有 3 个石块，说是初始人类父、母、子的象征。

这些非常具体的描述不免令人觉得有点牵强。不过，柯布西耶后来具有"天人感应"的思想是确实的。他在谈到印度昌迪加尔行政区规划时说：纽约、伦敦、巴黎等大城市在"机器时代"被损坏了，而自己在规划昌迪加尔时找到一条新路子，就是让建筑规划"反映人与宇宙的联系，同数字学、同历法、同太阳——光、影、热都建立关系。人与宇宙的联系是我的作品的主题，我认为应该让这种联系控制建筑与城市规划"[1]。建筑、城市规划要考虑同自然界的各种要素保持联系，这是没有疑义的，然而强调"人与宇宙的联系是我的作品的主题"，强调建筑与规划同"数目字""历法"建立联系，并且起控制作用，就明显地带上神秘信仰的色彩。拿昌迪加尔行政区规划的实践效果来看，也难说它是很成功的。柯布西耶这段话显示的观念，倒是同五百年前中国明朝人建造北京天坛时的设计和

1《勒·柯布西耶全集：1946—1952》，第 11 页。

规划思想有很多的相通之处。

看来，这时候柯布西耶的行事颇有点讲风水的意思了。对此，中国和外国热心风水堪舆学研究的人可能感到欣慰，并且可以引为同道。

1965 年 8 月 27 日，勒·柯布西耶在法国南部马丹角（Cap Martin）游泳时去世。一说是他游泳时心脏病发作致死，另一说是他故意要离开人世。曾在柯布西耶事务所工作多年的索尔当（Jerzy Soltan）写文章说，死前数星期，柯布西耶曾同他会面，并对他讲："亲爱的索尔当呀，面对太阳在水中游泳而死，该多么好啊！"肯尼斯·弗兰普敦（Kenneth Frampton）认为柯布西耶在地中海自尽，可能同阿尔比教派的一种观念有关。这个教派传统上认为自尽是神圣的美德，人的精神由此离开物质可以超升。前面提到法国存在主义哲学家加缪对自杀的高度评价，可谓无独有偶，古今略同。

历史上有过不少著名人物，特别是文学艺术的巨匠，在他们的晚年会做出一些看似奇怪、反常或变态的事情，或忽然皈依宗教，遁入空门；或癫狂痴迷，不能自已；或一去了之，不知所终；或大彻大悟，澄明冷静地结束自己的生命，离开尘世。布莱克（Peter Blake）说柯布西耶自 60 年代初起就有故意隐退的倾向，长时间置身于他在马丹角的斗室中[1]。这样看来，柯布西耶自己有意结束生命也是可能的。

---

1 Peter Blake, *The Master Builders 1976*, New York, p.163.

四、再领风骚

朗香教堂落成之时，西方建筑界赞颂之声不绝于耳。可是有一个人写文章就这座建筑提出了"理性主义危机"的问题。文章登在英国《建筑评论》1956 年 3 月号上，作者就是当今颇有名气的英国建筑师斯特林[1]。那时候，斯特林先生离开学校门（1950）不久，羽毛未丰，却提出了很有见地的看法。他认为，无法用现代主义建筑的理性原则去评论这个教堂建筑，"考虑朗香教堂是欧洲最伟大的建筑师的作品，重要的问题是应该思考这座建筑是否会影响现代建筑的进程？"

1955 年，美国的菲利普·约翰逊对现代主义建筑前景抱有十分乐观的看法："现代建筑一年比一年更优美，我们建筑的黄金时代刚刚开始。它的缔造者们都还健在，这种风格也还只经历了 30 年。"[2] 约翰逊的估计代表了当时建筑界多数人的观点。今天来看，当时年轻的斯特林看得比别人深远一些，隐然带有几分"忧患意识"。

朗香教堂确实有违柯布西耶早先提倡的理性原则，由此可以称之为非理性主义或反理性主义建筑。不过细究起来，建筑创作中的理性和非理性或反理性的界限实在很难细分。每个著名的重要的建筑都包含这两方面的成分，甚至可以说缺一不可。就具体的建筑来说，只有偏于这一方或那一方之别。朗香教堂固然偏于非理性，然而称之为非理性主义建筑也并非恰当。因此我认为，从朗香教堂艺术造型的美学特征和哲学基础来看，

不妨称之为存在主义的建筑或建筑艺术。

朗香教堂是一个实际限制少（使用功能、结构、设备、造价），创作自由度大，表意性很强的建筑。柯布西耶战后出自与存在主义思想上的相通性，加上他在建筑艺术表现方面的娴熟技艺，终于通过建筑的体、形、空间、颜色、质地的调配处置，用一个特殊的抽象形体，间接地、模糊地然而又是深刻强烈地表达出与存在主义观念相通的人的情绪、情结、心境和意象。按照克莱夫·贝尔（Clive Bell，1914）关于艺术是"有意味的形式"的说法，朗香教堂的意味是存在主义的意味。

36年前，斯特林先生担心现代建筑的进程是否会改变。幸或不幸，他言中了。20世纪后半叶，批判、修正和背离20年代现代主义建筑的思潮渐渐占了上风，建筑风格也一再变化。我们回过头去看到的是，在大多数人还没有动作的50年代初，恰恰是当年倡导现代主义建筑的旗手勒·柯布西耶率先实现观念的转变，扬弃现代主义，改变了自己原来的建筑风格。菲利普·约翰逊在1978年回顾20世纪后期世界建筑潮流转向时说："整个世界的思想意识都发生了微妙的变化，我们落在最后面，建筑师向来都是赶最末一节车厢。"[1] 这番话大体上是对的，但凡事都有例外，勒·柯布西耶与众不同，他早早地就登上了新的列车，开始了新的旅程。

"一战"之后，柯布西耶为现代主义建筑写下了激昂的宣言书——《走向新建筑》；"二战"之后，他开始新的征程，却再没发表理论上的鸿篇巨著，这个工作后来由美国的文丘里补

---

1 *AIA Journal*，1978，7月号。

足了。1966 年，即柯布西耶逝世的次年，朗香教堂落成后第十一年，文丘里发表《建筑的复杂性与矛盾性》。斯库利教授在序言中指出，它是《走向新建筑》发表之后的又一本最重要的建筑著作。斯库利将相距 43 年的两本著作相提并论，因为他看到这两本书都是 20 世纪建筑史上分别代表一个历史阶段的最重要的建筑文献。

20 世纪后半叶，西方新建筑潮流的代表们在批判 20 年代正统现代主义建筑时，对当时欧洲那些现代主义建筑旗手进行大量攻击，对 3 位重要人物中的两位即格罗皮乌斯和密斯·凡·德·罗正面开火，对勒·柯布西耶却有礼貌地让开了。原因很简单，就是因为前两位一直"顽固不化"，而柯布西耶早已转变并且带了个新头。

一个建筑师，在自己的一生中，在两次大的建筑潮流转换中都走在时代和同辈的前面，这是很了不起的罕见的事。

朗香教堂，不论人们主观上讨厌它还是喜欢它，或是对之不置可否，它都是 20 世纪建筑史和艺术史上少数最重要的作品之一。

（原载于《论现代西方建筑》，中国建筑工业出版社，1997）

悉尼歌剧院的建造

澳大利亚朋友说："中国有万里长城，我们呢，没有那么古老的东西，可是有悉尼歌剧院！"欣喜自豪之情溢于言表。

悉尼歌剧院三面临水，造在悉尼港内一个小小的半岛上。这座建筑最大的特征是上部有许多白色壳片，争先恐后地伸向天空。从远处望去，歌剧院像是浮在海上的一丛奇花异葩，称它为"澳洲之花"十分恰当。而它又会引出人们的其他联想，如海上的白帆、洁净的贝壳，如群帆泊港、白鹤惊飞，等等，不同的联想却全是美好的形象。它在悉尼港的蓝天碧海之间，生出一派诗情画意，引人遐思无限。（图1）

悉尼早就想建一个歌剧院。许多悉尼人说，欧洲许多小城都能演歌剧，而悉尼却没有一个像样的场子，实在太不相称。于是，在1954年，当时的新南威尔士州政府设立了一个委员会筹办此事。不久，他们选定了一块地，是从岸边伸向海中的一块指状土地，与它隔海相对的是悉尼海港大桥，近旁是植

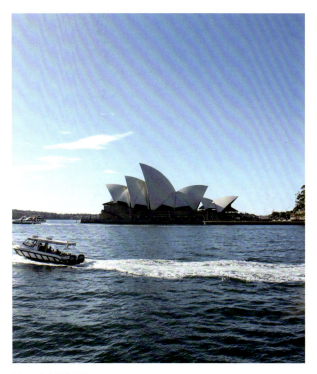

图 1. 海上的歌剧院

物园，那块地方还是最早的欧洲殖民者登陆澳洲的地点，区位和环境极好。（图 2）

1956 年举办了歌剧院建筑设计的国际竞赛。当局宣布获胜者奖金为 5000 英镑。数目不大，不过获胜者有望获得委托，接着做施工图设计并监督歌剧院的施工，回报甚丰。这次竞赛收到 32 个国家送来的 233 个建筑方案。评选团 4 人，一位是当年著名的美国建筑师埃诺·沙里宁（Eero saarinen），一位是设计过伦敦皇家节日音乐厅的牛津大学建筑学教授，还有一

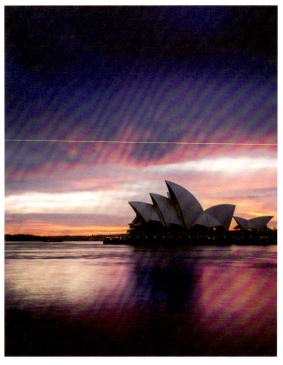

图2. 海上的歌剧院夜景

名悉尼大学建筑学教授和一名政府建筑师。这个4人评选团面对一大堆方案，找不出一个满意的方案。正在无奈的时候，沙里宁把淘汰了的方案又翻了一下，从中取出一件，再看一次，像发现宝物似的嚷了起来："先生们，看啊！这个行，我看这是第一名！"几位评委对这个方案再次仔细审查，终于决定该方案为第一名。

这个方案只有几张简单的平面和立面草图，设计不深入，而且也没有整个建筑物的透视图。大概就是因为图纸太简略，这个方案先被淘汰了。重新审查以后，评选团给它很高的评价。评议书写道："这个设计方案的图纸过于简单，仅是图解而已。虽然如此，经我们反复研究，我们认为按它表达的歌剧院构想，有可能建造出一座世界级的伟大建筑。"

1957年1月29日，在悉尼美术馆大厅中，澳大利亚总理宣布：第一名是丹麦建筑师乌松的壳体方案（图3），第二名是美国建筑师小组的圆形方案，第三名是英国建筑师的矩形方案。

乌松在设计悉尼歌剧院前，只设计和建造过几十幢小住宅和一个小住宅区。乌松曾到世界各地广泛游历，墨西哥、摩洛哥、印度、尼泊尔、日本以及中国等地都有他的足迹，在美国曾拜访过建筑大师赖特。1955年，他在北京访问了梁思成先生。

乌松提出方案时38岁。那时澳大利亚没有人听说过乌松这个名字。他做悉尼歌剧院方案，但本人并未到过澳大利亚，没见过现场环境，只看了些港口的照片。他的方案中选后展出的彩色透视图也不是他本人画的，而是悉尼大学一位讲师根据

图3．乌松参加竞赛的壳体方案

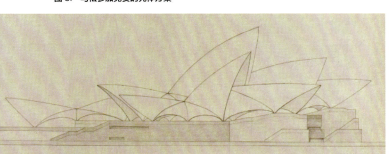

他的平面、立面草图画的。

方案中选的消息传到乌松的耳朵时，他自己也吃惊不小。6个月后，乌松才去了悉尼。首先看上乌松方案的美国评委埃诺·沙里宁其时正在设计纽约肯尼迪国际机场中的环球航空公司候机楼，也采用大型壳体结构，那座候机楼因为体形像一只正要起飞的巨鸟而著名。沙里宁在评选方案时看中采用壳体的歌剧院方案，似乎有惺惺相惜的成分。沙里宁51岁便去世了，他未能看到建成的悉尼歌剧院。（图4）

歌剧院里包括多个演出厅堂。最大的是2700座的音乐厅，其次为1550座的歌剧厅、550座的小剧场、400座的电影厅，以及排演厅，此外还有接待室、展览厅、图书馆、餐馆、印刷所等大小房间900间，内容多样，要求各异。总建筑面积8.8万平方米。悉尼歌剧院其实是一个综合性文化活动中心。（图5、图6）

了解建筑设计的人都知道，有一种建筑设计者，他实践经验不多，疏于工程细部处理，但富于想象力，擅长构思与众不同的建筑方案，常能在建筑赛事中夺取奖项。乌松就是这样一位建筑师。乌松在做方案方面，早已是同辈中的佼佼者，以前参加丹麦国内的建筑设计竞赛，6次中选，但没有建造大型建筑全过程的实际经验。

乌松的方案是把伸入港湾中的那块条形地加宽，在其上建造出一个宽阔的高基座，大基座面向市区的一端，有很宽的大台阶，那里是悉尼歌剧院的主要进门。歌剧院的一些较小的厅堂和工作用房间在基座里面。两个最大的厅堂，即音乐厅和歌剧厅，放在基座的上面，两厅分立，中间留一空巷，两个大厅各有自己的屋顶。每一大厅之上耸立着4对合拢并向上翘起的

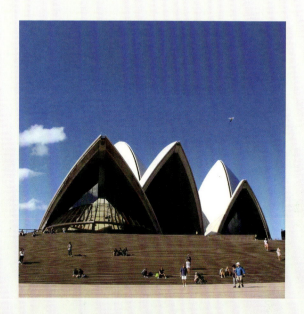

图 4.　歌剧院入口

图 5.　悉尼歌剧院夜景（黄晓 摄）

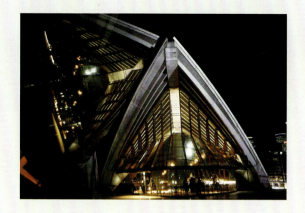

图 6. 歌剧院音乐厅

拱壳，3 对朝向海面，1 对朝后面向市区。另外还有一个分立的餐厅，其上有两对小壳片。

悉尼歌剧院最不寻常的也最吸引人们眼球的地方，就是它那非常特别的壳形屋顶。

从一开始，各方就都明白，乌松的方案真要实现起来难度极大，远远超过一般建筑工程。然而，当时新南威尔士州政府明知艰难，还是决定实施乌松的方案。歌剧院建造的主管者是新南威尔士州公共工程部，工程建设分三步走：第一步，建造大台座；第二步，建造屋顶；第三步，安装设备和内部装修。他们聘请伦敦的阿茹普工程设计公司从事歌剧院的结构设计工作。阿茹普公司是世界顶尖的结构工程公司之一，阿茹普本人是移居英国的丹麦人。

1957—1961 年，阿茹普公司开始研究那个屋顶结构。他们做了两个屋顶模型，加以试验。阿茹普认为，歌剧院屋顶要用现浇钢筋混凝土做成椭圆形的双层薄壳，中间夹有空气层。采用这种做法需要庞大的模板和复杂的支架体系。

乌松不满意这种壳体结构的视觉效果，工程师们也有技术方面的担忧。乌松从丹麦打电话到伦敦，建议不要用现场浇注混凝土的方式。他们先前曾想过用预制构件拼装的方法。乌松提出，可以把所有房顶壳片都采用相同的球面曲率，事情就大为简化了。他请父亲的船厂的工匠为他做了一个木头的空球模型，表示构成歌剧院屋顶的大大小小的三角形壳片都从球的表面割取。据说这一想法是有一天在他剥橘子皮时得来的。经过细致研究，他和工程师们确定那个"球"的直径应为 76.3 米，便可包容两个大厅堂所需的空间，而那些三角形的球面壳片可以划分许多的细肋，就像中国竹子折扇的扇骨一样，再用钢筋将它们连接成一片。那些肋还可分为小段，用钢筋混凝土在地面预制，再吊装拼合，组成歌剧院的屋顶。1962年3月，乌松带着这个屋顶施工方案飞到悉尼，得到批准。

1962年8月，施工公司开始屋顶的施工。前后共吊装了2194块预制肋。单个肋的长度在5米左右。用这种方法施工，造价仍是很高，但由于充分利用了预制装配化的优点，比起用现浇混凝土的方式还是经济得多。从歌剧院屋顶的最高处到海平面的距离为68.5米，相当于22层楼房的高度。屋顶表面积共约1.62万平方米，表面贴100多万块瑞典制的白色瓦片。（图7）

歌剧院朝海的端部张着大口，乌松的设计全用玻璃封口，而玻璃墙全在结构上面挂着，下不着地。建筑师和工程师找到法国一个玻璃厂，为此特制厚18.8毫米的玻璃。将玻璃运到现场，在工地的临时车间里按照电脑给出的形状和尺寸数据精确切割，有700种不同的形状和尺寸。这片玻璃墙的研究、设计和试验历时两年。（图8）

1965年，新南威尔士州到了大选的时期。这年2月，自由党上台，政府换班。新的公共工程部长上任后，看到自1959年动工到此时6年过去了，完工无期，工程费大大超出预算，并且还在不断地飙升，颇有烦言。

乌松那边，与政府官员和一些工程师，在施工方式、材料选用、分包商选定等方面也常有争执和不快。并且认为有些业主该付给他的费用迟迟没有落实，因而萌生去意。1966年2月的一天，乌松先向新部长口头辞职，几小时后交上书面辞呈。新任部长马上复信，接受乌松的辞职。

这件事在建筑界引起争议。悉尼大学建筑系的学生上街游

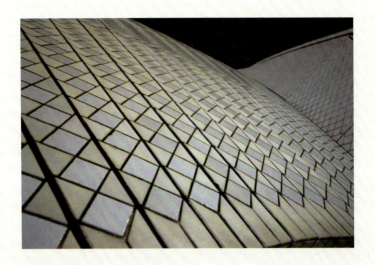

图7.　悉尼歌剧院屋顶材质（黄晓　摄）

图8.　歌剧院的玻璃幕墙（黄晓　摄）

行，举着"我们要乌松"的横幅，抗议政府的行为。

新部长在立法会上解释："政府既没有施压也不希望乌松先生离职，完全是他自己决定中止合同。"政府在同年4月两次请伍重回到歌剧院建设工作中来，但不是再当总建筑师，而是建筑设计班子的一名成员。乌松拒绝了。他在复信中写道："不是我，而是悉尼歌剧院一方制造了巨大的麻烦。"这句话广为流传。

辞职两个月后，乌松遣散为他工作的人员，同妻子和孩子悄然回到丹麦。

悉尼歌剧院工程至此只是做了基座和屋顶结构，在许多人眼里，这是一个烂摊子，是花钱的无底洞！有人认为，工党之落选与此有关，而自由党获胜同它允诺收拾烂摊子工程有关。

乌松走了，后面的任务全由澳大利亚建筑师班子来完成。他们也都很年轻，负责建筑设计工作的建筑师名霍尔（Peter Hall），36岁。

第三阶段的工作也极繁重。悉尼各界提出许多建议，如悉尼交响乐团提出严格的厅堂声学要求。他们认为原设计容积为1.8万立方米，声音"发干"，大厅设计必须修改，将音乐厅的容积增加到2.64万立方米，使声音的混响时间达到两秒。新装的大管风琴有1万多根管子，是世界同类乐器中最大的一个。

人们说，悉尼歌剧院的外观形象出自乌松之手，而内部是澳大利亚建筑师的作品。但不管怎样，建设工作终于进入了尾声。

1972年12月的一天，悉尼交响乐团在音乐厅实验演出，以检测声响效果。1973年9月28日，在歌剧大厅中第一次向公众演出歌剧《战争与和平》。1973年10月20日，悉尼歌剧院举行落成仪式，英国女王出席典礼。悉尼歌剧院能够满足各种音乐、戏剧的演出需求。现在这里每年有 3000 场左右的演出，观众达 200 万，是全世界最大的表演艺术中心。（图 9）

悉尼歌剧院最初预设的造价是 700 万澳元，而最后用了 1.02 亿澳元，前后相差太大了。不过，据说歌剧院工程并未花政府的钱，资金来源中有一项是为建造歌剧院专门发行的奖券的收益。

19 世纪末，美国的芝加哥学派中有人提过"形式跟从功能"及"由内而外"的口号，影响颇大。在建筑设计受传统样式束缚时，这个口号有助于设计者突破旧样式，创造适合新功能的新形象。不过形式与功能的关系及内与外的关系十分复杂，这两个口号过于简单，缺乏辩证精神，因而是片面的，拿它们当作设计工作的普遍准则并不恰当。乌松提出的悉尼歌剧院方案没受上述两个口号的束缚，在 20 世纪 50 年代令人耳目一新。这个歌剧院的造型同世界上别的同类型建筑全不一样，独特的、优美的、原创性的建筑形象使它进入了 20 世纪现代建筑艺术杰作的行列。

有的论者指出乌松构思悉尼歌剧院的体形时受到墨西哥的玛雅高台建筑的启示，这是可能的。但乌松也到过北京，他自称惊异于故宫太和殿的宏伟。太和殿下部有三重白色石台基，上面有曲面重檐琉璃瓦大屋顶，还有向上翘起的翼角。设想中国古典建筑的这种组合形象，在乌松构思悉尼歌剧院的大平台和向上翘的曲面屋顶时有所借鉴，也并非不可能。

建筑中的表现主义注重通过建筑形体表现和传达某种情感体验，有浪漫主义的倾向。1921 年建成的德国波茨坦市爱因斯坦天文台是 20 世纪前期典型的表现主义建筑作品。其后数

图 9. 悉尼歌剧院夜景（黄晓 摄）

十年，理性主义的现代建筑盛行，表现主义的现代建筑式微，但不绝如缕。柏林爱乐厅及悉尼歌剧院即是显著的例证。柏林爱乐厅的表现主义主要见之于听众大厅的处理，悉尼歌剧院则突出表现在外形的塑造上，都取得公认的良好效果。建筑中表现主义的做法常会带来建筑造价的提升，但人们出于某种观念和情感的需求，不论什么时代总会造出若干能够满足个人和公众情感与审美需要的表现主义建筑。广义地说，北京的天坛祈年殿、罗马的万神庙、印度的泰姬陵，都可看作是历史上表现主义建筑的例子。

在建筑领域，表现主义与非表现主义并无明确的、绝对的界限。像世间许多事物一样，两者也是有区别无界限，或者说，界限是模糊的。

（原载于《外国现代建筑二十讲》，生活·读书·新知三联书店，2007）

贝聿铭与美国国家美术馆东馆

　　位于华盛顿的美国国家美术馆建于 20 世纪 30 年代（图 1）。30 年后，在原馆的东边添加一座新建筑，称国家美术馆东馆（The East Building of the National Gallery of Art, Washington，D. C.）。它是美籍华裔建筑师贝聿铭（I. M. Pei, 1917—2019）的著名作品（图 2）。

　　因为东馆与老馆靠得很近，我们先要了解原有的国家美术馆的情形。老馆其实不老，它于 1941 年 3 月 17 日建成，日本偷袭美国珍珠港就在那一年的 12 月 7 日。国家美术馆是美国富豪、银行家安德鲁·梅隆（Andrew Mellon，1855—1937）捐赠的。华盛顿市区的西南面有一个东西走向的长条绿地，东西长约 4 公里，东段较窄，宽度也有 500 米。这条又长又宽的地段的东端是国会大厦，西端有林肯纪念堂，中间偏西的地点耸立着华盛顿纪念碑，白宫位于纪念碑的北面。除了几座博物馆和文化机构，这条长长的地块几乎全是绿地，走在其间，绿草如茵，大树成

图 1.　华盛顿美国国家美术馆老馆（1941）

图 2.　华盛顿美国国家美术馆东馆（1978）

荫。这个地块名为 Mall，是美国首都重要政治机构的集中地，与北京的天安门广场一带相似。建筑与环境非常优美，有泱泱大国的气势。

老梅隆捐赠的国家美术馆位于大林荫道的东头北侧，斜对国会大厦，位置当然非常优越。不但如此，在 1936 年圣诞节快要到来的一天，老梅隆在白宫与当时的罗斯福总统讨论捐造美术馆之事时，在 3 任总统手下当过财政部长的老梅隆，精明又有远见，他想到了美术馆将来扩建的问题。于是捐赠合同里写明，美术馆东面与国会大厦之间的那块沼泽地也保留给美术馆。

20 世纪 30 年代后期，欧洲的现代主义建筑浪潮开始传入美国，1939 年建成的纽约现代艺术博物馆是一个例子。不过，大多数美国公众还不习惯因而也不接受那种新的建筑样式，华盛顿的人士根本看不上那种简单光溜的建筑，老梅隆也是这样。他聘请当时美国最负盛名的古典派建筑师鲍普（J. R. Pope）做设计。鲍普做了一个大理石的地道的古典建筑，正面中央是有 8 根爱奥尼式柱子的古典柱廊，内部有古典的圆形大厅、柱廊、拱顶走廊、大楼梯和喷水池，等等（图 3）。建筑面积约 4.8 万平方米，用了 8800 立方米的大理石。它于 1937 年 8 月动工。开工后两个月老梅隆去世，第二天建筑师鲍普也去世了。老梅隆的美术收藏品都捐给美术馆，装了 5 个展厅，而美术馆共有 135 个房间。

我国著名文学家梁实秋当年对老美术馆有如下的记述：

这建筑物好伟大！据说是世界上最大的用大理石造的建筑物，长七百八十英尺，面积五十万平方英尺以上。外壳是白玫瑰

图 3.　老馆中庭的喷水池

色的田纳西大理石砌的。圆顶大厅的那几根巨大的柱子是从意大利塔斯坎尼采石场运来的，地面铺的是维蒙特的绿色大理石和田纳西的灰色大理石。内部的墙壁是采用阿拉巴马洛克乌的石头，印第安纳的石灰石，和意大利的"石灰华"。富丽堂皇之中仍有肃穆平实之概。几处花园庭院的点缀亦具匠心，喷泉潺缓，花木扶疏，徘徊其间令人心神为之一畅。

老梅隆不同意在他出资造的美术馆冠以他的名字，这是他的高明之处。因为定名为国家美术馆，别的收藏家也愿意把藏品捐给它。30 年间，国家美术馆的藏品从最初的 133 件增加到 3 万件，都是由私人捐献的。

老梅隆的儿子保罗·梅隆（Paul Mellon）后来任美术馆董事长，约翰·沃克（John Walker）任馆长。

20 世纪 60 年代，美术馆东面那块保留地成为大林荫道周围仅有的一块没有开发的土地。沃克馆长担心国会有一天会把那块地转给他人，他对小梅隆说："如果我们再不赶快用这块地，别人就会把它从我们手中拿走。"馆长希望在自己任内扩建美术馆。

"扩建要多少费用？"沃克估计需要 2000 万美元。小梅隆答应自己出 1000 万。沃克又去找梅隆的姐姐，她也答应出 1000 万。

下一步的事情由美术馆副馆长卡特·布朗（Carter Brown）办理。他是沃克的门生和继任者，是新一代人物，有志把美术馆事业群众化，以适应新的情况。第二次世界大战之后，发达国家中受过高等教育而有闲暇的人增加很快，他们大量进入博物馆、美术馆进行文化消遣。国家美术馆建成后的

25 年中，美国参观博物馆的人数增长到原来的 4 倍。国家美术馆原来对新艺术作品不屑一顾，拒绝收藏去世不到 20 年的艺术家的作品。对于吸引一般参观者的事情也不在意，保持着曲高和寡的贵族传统。在小梅隆董事长和布朗馆长的主持下，美术馆的管理理念渐渐转变，开始收藏著名现代派艺术家的作品，关心扩大参观者的队伍。

要及早建造新馆舍，关键是找到合适的建筑师。

时代变了，不能再找古典派的建筑师，但也不能请过于激进的建筑师，华盛顿不接纳最前卫的、怪模怪样的建筑。

1967 年，布朗收集了多位著名建筑师的作品资料，从中选出 4 名建筑师，为董事会布置了一个小型展览，请董事们发表意见。4 位建筑师是：路易斯·康（Louis Kahn）、菲利普·约翰逊、凯文·罗奇（Kevin Roche）和贝聿铭。结论是从路易斯·康和贝聿铭两人中挑出一人。

路易斯·康，1901 年出生于爱沙尼亚，后随父母移民美国。他成名较晚，作品不多，到 20 世纪 60 年代才渐受注目。路易斯·康具有诗人气质，喜讲玄妙理论，不善推销自己。他的工作室小而凌乱，可怜兮兮，令去访问他的布朗馆长感到失望。贝聿铭比路易斯·康小 16 岁，当时已有许多著名作品，在社交和礼仪方面很是得体。小梅隆和布朗等人随后乘私人飞机到各地察看贝聿铭的建筑作品，印象非常好。小梅隆请贝聿铭到华盛顿与美术馆董事会见面，双方一拍即合，贝聿铭接受聘任。这是 1967 年的事。

贝聿铭 1917 年出生于广州，在上海中学毕业后，1935 年赴美国麻省理工学院学建筑。在那里曾听过勒·柯布西耶的讲演。贝聿铭本想毕业后回到中国，但战争使他留在美国。他接着到哈佛大学读研究生,那时格罗皮乌斯在哈佛任教。格罗皮乌斯对贝聿铭的建筑设计非常赞赏,说那是"我所见过的最精致的学生作品"。毕业后,29 岁的贝聿铭成为格罗皮乌斯最年轻的助教。贝聿铭吸收东西方两种文化的精粹,建筑创作有自己的特色,完成多座优异的建筑作品后,终于成了著名建筑师。

从贝聿铭的建筑作品中,我们可以看出这样一些特色:

第一,丰富和发展了几何形体的建筑构图。他的建筑作品除了有一般的方块和长方形体外,还常用平行四边形、菱形、三角形、半圆形、扇形、五边形等多种多样的几何形体,以不同的方式组合起来,造出种种前所未有的建筑形象,在简洁明快的同时,给人以鲜活和惊异之感。

第二,注重配合建筑所在地的环境特点,进行有个性的建筑设计。在已有的建成区中造新建筑,他注意新旧之间的关系,既非如入无人之境,也不套用旧形式。贝聿铭说:"我们希望做出一个属于我们时代的建筑,另一方面,它也要成为另一时代的建筑的好邻居。"他采取瞻前又顾后的方针(图 4)。

第三,在建筑造型中将构造性与雕塑性合而为一。巴黎蓬皮杜艺术文化中心的建筑只有构造性,没有雕塑性;朗香教堂突出雕塑性,模糊构造性。贝聿铭的作品常常兼有两者,既有轻巧的部分,又有稳重的部分,两方面互相衬托,相映成趣。

第四,精致的细部处理。他对细部、细节总是反复推敲,不但要求完美,而且要"有些与众不同"。美籍日裔建筑师雅马萨奇也是追求有特色的细部处理,似乎这与两人都具有东方文化背景有些关系。

在国家美术馆东面那块地上造一座新建筑,难度实在大(图 5)。它与老馆的关系就不容易处理:靠在一起、连成一片,

图4.　从美术新馆看老馆

图 5. 东馆屋顶

还是互相独立、互不牵扯？这块地的西面、东面都是地道的古典主义建筑，作为老馆的扩展部分，新建东馆该是什么模样？而且用地北侧的宾夕法尼亚大道是条对着国会大厦的斜路，所以用地是梯形。贝聿铭对助手说："那里可能是美国最敏感的地皮……特别是大林荫道充满传统气氛，对美国人来说那里是神圣的地方。"

东馆严格的环境条件对任何建筑师都是非常严肃的挑战。

贝聿铭讲他自己做设计常常经过苦恼的过程："当我必须找出正确的设计方案时，我全身心投入工作，无法再想其他事情。这过程也许是几个小时，也许整整一个月睡不好觉，容易发脾气。我不断地勾画方案，又不断地放弃。"

贝聿铭认为老馆本身十分完整，不可能加以变动，新老两者之间不必有实体的联结，只要有某种呼应即可（图 6）。关

图 6. 连接新馆与老馆的地下"时空隧道"

键在于梯形地块如何利用。

贝聿铭在一次返回纽约的飞机上，拿圆珠笔在信封背面画了一个梯形，接着随手涂画，忽然冒出一个想法，他说："我在梯形里面画了一条对角线，梯形分成了两个三角形地块，大的一个用作美术展览，小的给美术馆的研究中心。一切就这么开始了。"

在梯形中所画的对角线，将梯形一分为二，这条对角线如神来之笔，巧发奇中。贝聿铭说："这是最重要的一着，就像下棋，你走了一步好棋，你就可能获胜；如果一着失误，可能全盘皆输。我想在我们的设计中，第一步走对了。"

大的一部分是等腰三角形，底边对着老馆的侧立面，三角形的一个斜边（北面）与斜的宾夕法尼亚大道并行，等腰三角形另一斜边（南面）与大林荫道的边线之间，形成一个狭长的直角三角形。这样，便在那块梯形用地上建造有分有合的两个建筑体量。贝聿铭的一名助手说："他交给我们一份草图，我们只提了些小问题。他的方案有不可辩驳的逻辑性，问题只是定好尺寸把它造出来。"（图7）

为了做好东馆的设计，馆长与贝聿铭等人用3个星期专程到欧洲参观了许多新老美术馆。1969年，贝聿铭完成建筑设计，送交美术馆董事会，得到同意。1970年设计方案送交华盛顿的美术委员会，以4：2的票数通过。1971年，设计方案公布于众，得到许多建筑评论家的支持。1971年5月破土动工。

贝聿铭说："这一次我们的设计是基于三角形。三角形提供了令人兴奋的创作机遇，又提出许多难点。"施工中也遇到各式各样的困难，工期延长。东馆的揭幕时间原定在1975年，后来推迟到1976年，最后又推到1978年。建筑造价也一涨再

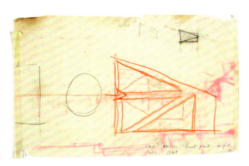

图 7. 东馆早期概念草图

涨，小梅隆只得说服家族基金会提供更多的资金。人们开玩笑说：“你既然请贝聿铭做建筑设计，你就得一个劲地付钱，付钱，付钱！”英语中“付钱”为“pay”，“贝”的发音为“Pei”，二者相近，所以人们说“You Pei and Pei and Pei”。

东馆的设计和造型没有拿古典主义的老馆做样板，没有去仿效它。如果那样做，也会获得不少人的赞许，而且比较省心省力。但那样做，是仿造，创造性就少了。贝聿铭的做法是要让“新馆成为老馆的兄弟”。既是兄弟，又相差 37 岁，就不必做得完全相同，只须在某些方面有一些共同的特征，即具有“家族相似性”就可以了。

老馆建筑有古典的爱奥尼石柱和檐部，有许多的线脚和雕饰。贝聿铭说：“我们没用那种细部元素，新馆非常平滑简洁，格调完全不同。老馆的建筑造型靠线脚、壁柱之类的东西。新馆靠纯净的体量的组合，多种体量的组合有丰富的表现力。新馆老馆之间的差别，差不多就如塞尚以前的绘画同塞尚的绘画之间的差别一样大。”

塞尚以前的欧洲绘画与塞尚绘画之间的差别，是传统美术与现代美术的差别。老馆与新馆的差别也正是传统建筑与现代建筑的差别。贝聿铭说："当表面变得简洁，形体本身的重要性便突出了。而建筑师是否创造出在阳光下饶有趣味的体量组合，是现代建筑评论家瞩目的地方。"（图8）

从外观看，东馆是一个有高有低、有凸有凹、有钝角又有锐角的体块组合。它的墙面有实有虚，实多于虚。等腰三角形体量的3个角的上部，突起3个棱柱体。主体与旁边的直角三角形体量之间有一条间隙。直角三角形体量的南面，即靠大林荫道的一边又有三角形的凹入部分。所以东馆外部有许多三角形，有许多凹缝和凹槽，墙面转折有钝角、直角甚至锐角。有一个锐角仅19°，它出现在东馆主要立面的一边，像锋利的刀锋一样对着你。在阳光之下，宽窄不同的凸凹现出丰富的光影变化，那迎面而来的、挺拔的19°的"刀锋"，先是令人愕然，继而叹为观止，因为人们从来没见过这般奇特的建筑造型（图9）。因此，东馆虽是简洁的几何形体的组合，却决不呆板，毫不枯燥，反倒是富有动态、富于生气、富有变化、很有趣味，它给人以新鲜活泼的现代感和视觉上新的审美趣味。

东馆内部的空间形象比外观更加新奇活泼，引人入胜（图10、图11）。贝聿铭说："当你进入东馆内部，我想你决不会说那里是古典的空间，首先它不是对称的。古典空间的透视只有一个视线灭点，而在东馆内部你能感觉到有3个灭点。这就出现了比古典空间丰富得多的空间感觉……我们在建筑空间方面进入了一个前人极少涉足的领域。"贝氏知道有3个灭点的内部空间，处理不好很容易使人觉得过于丰富多变，产生混乱和迷幻之感，所以要小心处置。

东馆内外的细部设计得十分细致，处理非常考究，施工又极精良，处处显露着精致与完美，无论什么小地方都不马虎。

图 8.　新馆室内楼梯

图 9.　国家美术馆新馆外墙尖锐的"刀锋"夹角

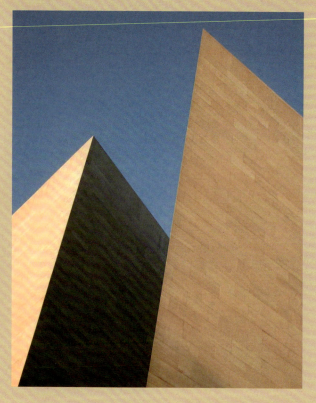

图 10. 东馆大厅

图 11. 东馆展厅

前面说过，东馆正面有一处只有 19°夹角的仿佛刀刃一样的墙角，这是世界建筑史上从所未见的体形。这个墙角内部有钢架，表层是大理石，没有精细的构造设计和施工工艺，就不会有现在那样挺直、高耸、锋利的形象。

东馆和老馆在体形、样式、风格上大不一样，然而存在所谓"家族相似性"，这种相似性表现在哪里呢？除了老馆的横向轴线正是东馆的中轴之外，两者之间还有若干联系和共同点。新馆的大部分檐口高度与老馆相近或一致。老馆有大片实墙面，新馆亦然。建筑物墙面材料的质地、颜色和花纹在人的视觉印象中极为重要，贝聿铭注意到这一点，他决定采用完全相同的大理石。老馆的浅玫魂色大理石产自田纳西州一个石矿，当年由一位叫莱斯的年轻建筑师监督开采，莱斯对石料调配极有研究，而这是 40 多年前的事了。建造东馆时莱斯已 70 多岁，而且那座石矿早就关闭了。贝聿铭又把莱斯请了出来，把沉睡几十年的石矿打开，用当年遗弃的设备再次开采石料，莱斯在每块送出的石料上都签上自己的名字。老馆用的石料每块有 30厘米厚，现在用不起那么厚的了，改用 7.6 厘米的石板。但保证了两座"兄弟"建筑肤色和质地的完全一致。

1978 年 6 月 1 日，国家美术馆东馆正式揭幕。2500 名贵宾出席，海军军乐队奏乐，美国总统吉米·卡特剪彩。当他的短暂巡视结束后，在外等候的人群涌进馆内。有人说东馆的揭幕式差不多可与总统就职典礼媲美。在最初的 7 周内，有 100多万人来馆参观。

好评如潮。美国《时代》周刊评论写道："贝聿铭创造了一件杰作。'杰作'这个词已经用滥，但在此还不得不用。这座建筑产生于有高度分析能力的建筑思想，与其所在地段及周围的建筑配合得体；它尽显庄重之貌，却没有丝毫笨拙感。这座新建筑独具匠心，这是伟大建筑所必需的。"一些原来不看好贝聿铭东馆设计方案的人，在建成以后也改变了态度。

夏天过后，批评和不满的声音出来了。有人说，称赞的人多并不等于建筑真的成功，正如一部电影的票房价值高并不等于电影质量好一样。很多人指出东馆内部令人眼花缭乱的气氛，分散了人们对艺术品的关注。一位有名的建筑评论家写道："在这个建筑给人的激动过后，那幢建筑物已形同虚设，而艺术品只落得被挤入角落的下场。"还有人说东馆像"最时髦的郊区购物城"，像飞机场的"奢侈的超级候机室"。英国《建筑评论》的文章认为，东馆"美其名曰为沉思默想地欣赏艺术品而设计"，其实是"艺术展览的终结者"。

好话坏话都有人说。

对此，美国著名建筑师菲利普·约翰逊以一个过来人的口吻说："由于贝聿铭的作品很出名，很受人注意，他成为众矢之的是很自然的。要当一名受尊敬的公民，就得让人当靶子打！"

（本文作于 2007 年）

建筑中的现代主义与后现代主义

20 世纪 80 年代之后，美国建筑师对建筑的方向和理论问题表现出浓厚的兴趣。1981 年，美国建筑出版物的数量创造了新的纪录，出席建筑报告会、讨论会的人空前踊跃。建筑师格雷夫斯、建筑评论家詹克斯等人的讲演一次能吸引上千名听众。建筑师斯特恩（Robert A. M. Stern）对人说，他每年到处旅行，到处讲演。新闻记者沃尔夫（Tom Wolfe）写的建筑野史《从包豪斯到我们的豪斯》（From Bauhaus to Our House）在杂志上刊出后，轰动一时[1]。有人认为，现在人们听讲演、看书的兴趣超过参观建筑实物。有家建筑刊物把这种现象称为建筑师中的"学术骚动"[2]。

为什么会出现这种现象呢？有人认为这是近年来美国经济衰退，实际建筑任务减少，

---

1 美国《哈泼斯》杂志，1981 年 6/7 月号。
2 《美国建筑师协会会刊》，1981 年 5 月增刊。

建筑师们比较空闲的缘故。此说不无道理。不过时间多少只是一种条件，更重要的大概还在于讨论的问题内容能够引起人们的兴趣。

西方建筑历来流派繁多，主义纷纭，但并不是每一种流派和主义都像现在这般受到广泛的注意。这多半是因为先前的许多流派和主义只是在建筑设计的方法上提出某一见解，强调某一侧面，更多的则是在建筑造型方面推出某种形式或技巧手法，野性主义、新陈代谢主义、光亮派、白色派等都是这样。它们所起的作用比较具体，影响也就有限。

现在遇到的问题，性质则不同。当今最热门的建筑问题有两个：一是如何估计所谓正统现代主义（Orthodox Modernism），一是怎样看待后现代主义（Post-modernism）。这两个互有联系的问题牵扯面广，使每一个态度严肃的建筑师都不能置之不理。

当前西方建筑现象扑朔迷离，错综复杂。1980 年冬，前《纽约时报》建筑评论员赫克斯台布尔（Ada Louise Huxtable）在美国艺术与科学院发表演讲，题目就叫作"现代建筑的困境"[1]，她说这个题目也可以改为"建筑学在十字路口""现代建筑的危机"等等。许多评论家也经常用"混乱""彷徨"来形容西方建筑的现状。造成这种状况的原因，很大一部分都同现代主义与后现代主义之争密切关联，不妨说这两种思潮的对立是当前西方建筑思想论争的核心。

然而，要弄清这个问题并不很容易。赫克斯台布尔在讲演

---

1 美国《建筑实录》杂志，1981 年 6 月号。

中也提到了这方面的困难，她说：

> 对于评论者，这是个非常困难的时刻。一个人的全部信念、经验现在都打上了问号。需要重新研究每一件事，做出困难的再估计，对原来信任和满意的事情提出疑问，总之，你得把脑瓜打开来。而这是一件费时间、折磨人、叫人恼火的工作。倒霉的是你得去读那些建筑师和理论家写的东西——那简直是一种新型犯罪和不同寻常的惩罚。建筑师们今天写出的东西其含糊不定超出能够容忍的程度。他们爱用朦胧的、神秘的、令人不解的方式写作，并随心所欲地从他自己也不懂的，而且本身就成问题的别的时髦学科中捡来些实用哲理和片言只语……长篇大论讲的是芝麻大的一点想法，引来异域的、隐秘的文献给自己压分量。文风不正，到处蔓延。我们这些报导建筑活动的人，必须啃完大堆大堆夸夸其谈而又黏黏糊糊的文字，才发现出一星半点有价值的东西……我承认我常常失去耐心，觉得疲倦了。[1]

毋庸置疑，我们中国人在这方面遇到的困难就更大了。虽然如此，我们还是愿意讨论一下现代主义和后现代主义的问题，期望通过各方面的交流，逐步弄得清楚一些。

现代主义死亡说

第二次世界大战结束不久，大家都说现代主义建筑已取

---

1 美国《建筑实录》杂志，1981 年 6 月号。

得了胜利。20 世纪 50 年代初，纽约联合国总部大厦落成，在 20 年代遭到拒绝的勒·柯布西耶的国际联盟总部方案的基本原则，此时得到了世界政治家们的认可；全玻璃墙面的利华大厦在纽约公园大街上熠熠发光，密斯在 1919 年设想的玻璃摩天楼变成了现实。此时，各式各样的幕墙建筑，玻璃的、铝的、不锈钢的、搪瓷的，雨后春笋般出现在纽约、芝加哥、巴黎、伦敦、米兰、布鲁塞尔、多伦多、东京、里约热内卢等地的中心区，给世界大城市的面貌增添了新因素。在巴西的巴西利亚，还建成一座完全现代风格的新首都。从 1959 年到 1961 年，美国建筑师协会依次把金奖授予 3 位现代建筑大师：格罗皮乌斯、密斯、勒·柯布西耶。如果说 20 年代是现代建筑运动破旧立新的英雄时期，那么，有足够的理由可以说，50 年代它达到了黄金时期。1955 年，菲利普·约翰逊兴高采烈地写道："现代建筑一年比一年更优美，我们建筑的黄金时代刚刚开始。它的缔造者们都还健在，这种风格也还只经历了 30 年。"[1] 看起来，真是前程似锦。

但是，3 年之后，事情不妙了。1958 年，同一个约翰逊改变腔调，宣布要同他素来崇拜的现代派大师们分道扬镳。他说："我们同那些现已 70 岁出头的老家伙的关系该结束了。"[2]1959 年，他宣称："国际式溃败了，在我们的周围垮掉了。"[3]1961 年，纽约大都会博物馆举行讨论会，题目是："现代建筑：死亡或变质"。1966 年，文丘里提出："建筑师再也不能被正统

---

1 约翰逊，《约翰逊著作集》，牛津大学出版社，1979 年。
2 同上。
3 同上。

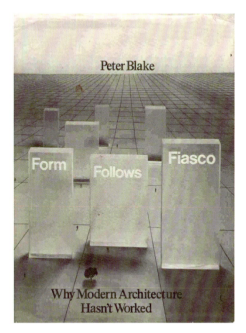

图 1. 《形式跟从惨败》封面

现代主义的清教徒式的道德说教所吓服了。"[1] 对现代主义的怀疑和批判日渐增多，上纲也越来越高。原先热烈赞扬过现代建筑大师的美国建筑评论家布莱克（Peter Blake），1974 年在《大西洋》杂志发表文章，指责现代主义有九大谬误。1977 年，布莱克出版新著《形式跟从惨败——现代建筑何以行不通》（图1），对现代主义全盘否定。他说："现代主义教条流行将近一百年，现在过时了。我们正处于一个时代就要结束、另一个时代即

---

1 文丘里，《建筑的复杂性与矛盾性》，纽约现代艺术博物馆，1977 年。

将开始的时刻。"[1] 布莱克自称本书是对现代主义的"起诉书"。

1977 年，詹克斯出版《后现代主义建筑的语言》，此书第一部分的题目是"现代建筑之死亡"。詹克斯咬定现代主义已死去，煞有介事地说，1972 年某月某日下午，美国圣路易城几座公寓楼房被市政当局为拆除而炸毁，就是现代主义死去的时刻[2]。

大概是因为很多人的指责，1980 年詹克斯在另一个地方承认，所谓现代主义死于 1972 年某月某日的说法是为了"增添点戏剧性"，但他仍坚持现代主义确实已经死了，而且把死期推前到 1961 年。他说那年简·雅各布斯（J. Jacobs）出版的《美国大城市的死与生》（*The Death and Life of Great American Cities*），没有一个现代主义者能够加以反驳，故现代主义思想在那时即已亡故[3]。

自此，现代主义建筑死亡说在美国热闹起来。1979 年初《时代》周刊发表一篇建筑专论，文章一开头就说："70 年代是现代建筑死亡的年代，其墓地就在美国。在这块好客的土地上，现代艺术和现代建筑先驱们的梦想被静静地埋葬了。"[4]

美国一些人为现代主义的"寿终正寝"感到鼓舞。新闻记者沃尔夫撰文说，美国近几十年的现代建筑是欧洲包豪斯那伙人侵入美国的结果。他为约翰逊与现代主义大师"脱离"关系，拿出了伪古典主义的美国电话电报公司大楼方案而大声叫好，称赞约翰逊跪倒在欧洲现代派面前"40 年之后，终于

---

1 布莱克，《形式跟从惨败——现代建筑何以行不通》，利特尔·布朗公司，1977 年。
2 詹克斯，《后现代建筑的语言》，里佐利国际出版公司，1977 年。
3 詹克斯，《后期现代建筑》，鲍尔丁·曼塞尔公司，1980 年。
4 美国《时代》周刊，1979 年 1 月 8 日。

站起来了"[1]。

詹克斯在论证现代主义的死期之后，意犹未尽，又用幻想小说的笔法绘声绘色地描写现代建筑死后的情景：

> 现在我们可以在现代建筑的惨状和破坏了的城市中邀游，好像火星客来到地球上参观古迹那样，不抱任何成见，在前代建筑文化可悲而有启示性的失误前面茫然发呆。最后，由于这些建筑和城市已经真的死了，我们还可以在尸堆中挑挑拣拣，从中得到些意趣。[2]

詹克斯的想象力令人敬佩。从上面提到的很有限的一点材料可以看出，美国某些人士为大家勾画出的是这样一条历史线索：现代主义自欧洲"侵入"美国，后来取得胜利，然而盛极而衰，终于死去。于是美国建筑师站起来了，他们开始"自行其是"[3]。一个新时代——后现代主义——已经或正在来临。

现代主义建筑的基本点

鼓吹后现代主义建筑的人，大谈现代主义的死亡并为此而高兴，是不足为奇的。另外一批人拥护现代主义，长期以来也提出现代主义危机说，他们为此感到悲哀。例如，20多年前，美国《建筑论坛》杂志即有文章发出警告，说现代建筑的精神改变，风气不对头，"新一辈现代建筑师"背离了"老现代派"，

---

1 美国《哈泼斯》杂志，1981 年 6/7 月号。
2 同上。
3 美国《时代》周刊，1979 年 1 月 8 日。

"胜利损害了现代建筑"。杂志主编给这篇文章加的按语说："与当代其他事物一样，现代建筑也处于危机中。"[1] 此后，不断有人为现代建筑的状况担忧，随着时间的推移，焦虑不安之情与日俱增。1978 年在一次关于美国建筑方向的笔谈中，一位发言者讲："大家都说多元论和怀疑一切是当前的特征，这实际上无非是绕着弯子表示先前支撑我们对体系和理想的忠诚已经幻灭，自信已丧失，现在有一种灾难临头的恐惧。"[2]

立场和感情大相径庭，一批人欢迎和高兴，另一批人反对和沮丧，但是他们都得出了现代主义遇到危机、难以为继的结论。头一种人的看法暂且勿论，后一种人感到失望的看法是否妥当呢？看来也有问题。问题在于他们多多少少把现代主义和现代建筑看作一成不变的东西。这些人的思想有点僵硬。

现代建筑运动从来不是具有统一纲领、统一行动和统一组织的运动，现代主义也没有一部得到大家赞同的宪法或章程。人们所说的正统现代主义的各项原则，散见于 19 世纪末到 20 世纪 20 年代那些积极主张革新的建筑家的言论之中。此外，还来自一些建筑史家和评论家对这个运动的解释和阐述。有一些著作，如勒·柯布西耶的《走向新建筑》、格罗皮乌斯论述现代建筑和包豪斯的文章、密斯的若干短小的文章及吉迪翁（Siegfried Giedion）的《空间、时间与建筑》等，确实是公认的、现代主义的重要文献。有些建筑师的名言警句，如"形式跟从功能""少即是多""装饰等于罪恶""住宅是居住的机器"

---

1 美国《建筑论坛》杂志，1959 年 7 月号。
2 《美国建筑师协会会刊》，1978 年 5 月增刊。

图 2.　斯图加特国际住宅展鸟瞰

等也广泛流传，被认为是现代主义的重要原则（图 2）。但我们
应该看到，这些文献和原则在不同程度上体现或包含着正确的
进步的建筑观点，但也不能认为它们句句真理，无可商榷，不
得逾越。事实上，作为建筑师，许多人讲的话、写的文章即使
内容正确，他们的提法也常常不够严格准确。在当时论战过程
中说的话也不免有偏激片面之处。每个人各说各的话，相互之
间，前后之间就有矛盾。讲的和做的也常有出入。勒·柯布西
耶在《走向新建筑》中既讲"住宅是居住的机器"，又讲建筑
是"纯粹精神创造"。密斯写道："我们不考虑形式问题，只管
建造问题。"[1] 事实上他从来没有忘记对形式的追求。由于这些

---

1 《关于建筑与形式的箴言》，1923 年。

情况的存在，长期以来，对现代主义的理解各个不同，对许多重要的原则的提法，一向聚讼纷纭，是不足怪的。

1928 年，各国现代建筑运动的代表在瑞士集会。这次集会诞生了第一个国际性建筑师组织——国际现代建筑会议（CIAM）。会议通过的《目标宣言》中有关建筑部分如下：

关于建筑：

——我们特别强调此一事实，即建造活动是人类的一项基本活动，它与人类生活的演变与发展有密切的联系。

——我们的建筑只应该从今天的条件出发。

——我们集会的意图是要将建筑置于现实的基础之上，置于经济和社会的基础之上，从而达到现有要素的协调——今日必不可少的协调。因之，建筑应该从缺乏创造性的学院派的影响之下和古老的法式中解放出来。

——在此信念鼓舞之下，我们肯定互相间的联系，为此目的互相支持，以使我们的想法得以实现。

——我们另一个重要的观点是关于经济方面的：经济是我们社会的物质基础之一。

——现代建筑观念将建筑现象同总的经济状况联系起来。

——效率最高的生产源于合理化和标准化。合理化和标准化直接影响劳动方式，对于现代建筑（观念方面）和建筑工业（成果方面）都是如此。[1]

---

1 《建筑与设计 1890—1939——国际建筑文献选编》。

宣言所表达的各项观点，应该看作现代主义建筑思想的基本点。值得注意的是，宣言对于新建筑的形式、手法、风格未置一词。这不是疏漏，而是表明与会者认识到在共同的大方向之下，现代建筑师可以，而且应该在建筑的形式、手法、风格方面进行多种探索，多样创造。宣言在这些方面不提出任何有约束性的具体意见，同现代建筑运动本身的性质和宗旨一致。

现代主义建筑思潮的出现，是由近代社会生产力发生了由手工业向大工业过渡的质的飞跃，以及全部社会生活发生了全面剧烈的变革而引起的建筑观念中的一次革命。它的意义远远超出了历史上多次出现过的那种比较单纯的风格和形式的嬗递演变。现代主义在近百年来的建筑实践中已被证明基本上符合建筑发展的要求和客观规律。凡是在生产力发展到一定程度、社会生活走向现代化的地方，建筑活动都脱离传统的轨道而走上现代化的发展道路，这是不以人的意志而转移的大方向。既然社会生产力和生产关系没有倒退，那么，在更新更高的生产方式产生之前，现代主义的基本思想就不会过时，更谈不上死亡。

方盒子·国际式

有一种流行的概念，以为现代主义就是提倡方盒子式的建筑。因为到处都出现了"方盒子"，所以现代主义就等于"国际式"。方盒子单调乏味，国际式千篇一律，不合乎"人性"。而现在人们要求多样化，要求人情味，所以，现代主义和现代建筑都不合时宜了。说来奇怪，这样的曲解，这样的简单推理，正是许多人抨击现代主义和现代建筑时所用的逻辑。我们还以

1979年1月8日《时代》周刊的文章为例，文章作者说现代主义死了，它的墓地在美国，什么理由呢？文章标题已经点明：因为美国建筑师现在"自行其是，他们同玻璃盒子之类告别"了。潜台词是：现代主义是束缚建筑的清规戒律，它超不出方盒子。

现代建筑确实有方盒子之类的形象，勒·柯布西耶的萨伏伊别墅（1928—1930）和纽约利华大厦（1952）可以算是前后两个典型。出现这样的建筑形象，不单出于形式的考虑，更重要的是材料、结构、技术以及经济的原因。就说形式吧，固然有人觉得它们看来单调、枯燥、缺少人性，可过去和现在，都有许多人认为这两个建筑非常之艺术，非常之有价值。要不然，萨伏伊别墅不会被当作法国的文化艺术珍品而被抢救保护，利华大厦也不会在落成25周年之际受到美国建筑师协会的表彰，至于利华大厦落成时得到的赞誉就不用提了。总之，不用坡屋顶，改用平屋顶，不用砖石砌墙，改用较平较光的墙材，决不是某些建筑师一时心血来潮的产物。这种建筑现象在美国出现也决不是格罗皮乌斯和密斯"侵入"美国的后果，反之，其中包含着许多规律性。

现代建筑也并非一律是简单的方盒子，20年代和30年代也不是那样。拿勒·柯布西耶来说，他有萨伏伊别墅那样的建筑，也有瑞士学生宿舍（1930—1932）那样的方盒子与非方盒子结合的建筑，稍后，又有完全不像方盒子的小住宅（1935年建造的一所周末住宅和位于马泰地方的另一所住宅等等）。若说阿尔托设计的维堡图书馆（1927—1935）像是方盒子，那么，他的1937年巴黎博览会芬兰馆和1938年的麦利亚别墅（Villa Mairea）就很难归入方盒子一类了。

图 3. 密斯为 1929 年巴塞罗那博览会设计的德国电气工业馆

在所有知名的现代建筑师的作品中，要说最像方盒子的莫过于密斯为 1929 年巴塞罗那博览会设计的德国电气工业馆（图3），那是一个四四方方的、墙上不见窗子的封闭建筑。然而密斯为同一个博览会设计的著名的德国馆，形象就大不一样，很难说像盒子了。同一个密斯，在同一时间、同一地点，为同一博览会设计的两座展览建筑，形式和手法差别如此之大，说明现代建筑在它的早期也决不是千篇一律、完全雷同的。现代建筑互相间差别之大，远远超过了历史上任何一个时代、任何一种建筑风格内部的差别。

不抱成见的人都可以看到，现代建筑绝不是用"方盒子"3

个字所能概括的。

"国际式"这个名称怎样得来的呢?

1925 年格罗皮乌斯编印过一本建筑图集,其中收有德国建筑师贝伦斯,法国建筑师佩雷、勒·柯布西耶等人和格罗皮乌斯自己设计的建筑,此外还有美国的谷仓建筑。这本图集题名为《国际建筑》(*International Architecture*)。这个书名在20 年代末期到了美国,就转化成"国际式建筑"(*International Style*),变为一种特定的建筑风格的名称。1932 年,在约翰逊和希契科克(R. H. Hitchcock)的主持下,纽约现代艺术博物馆举办了一次建筑展览,展出 75 幅欧洲和美国的新建筑的图片。配合这次展览,这两个人出了一本书,书名是《国际式:1922 年以来的建筑》(*International Style: Architecture Since 1922*)。从此"国际式"这个名称在许多地方,特别在美国,就被一些人当作现代建筑的同义语了。

给现代主义、现代建筑贴上"国际式"的标签,反映着对现代建筑的皮相认识。1982 年,当上述建筑展览过去 50年之后,美国一位评论者指出:当时"美国人的重点集中在美学问题上,而不是像欧洲人那样,重点在于社会的或功能的考虑。"[1] 这就是说,许多美国人把现代主义当作一种新奇的建筑样式或风格来接受,如接受某种时装款式一般。这种情形到处都有,但在美国尤甚。

在现代条件下,各国的建筑相互影响,在条件相似的情况下,出现形式和风格的接近是极为自然的。要说"国际式",

---

1 美国《进步建筑》杂志,1982 年 2 月号。

历史上的西洋古典建筑、哥特式建筑、文艺复兴建筑、近代的复古主义和折中主义等等，哪一个不是"国际式"？对于过去在各国流行的国际建筑，人们不以为怪，也不觉得可怕，现在一说国际式就想到千篇一律，不要民族特点，而觉得难以容忍，并把这些"罪过"都归于现代主义，这不是有点怪吗？

现代主义没有死

如果把 20 世纪的建筑同历史上任何时期任何地区的建筑加以客观的比较，就会感到现在的建筑实在是非常丰富多彩。这是由于建筑类型、材料、结构形式种类繁多，为 20 世纪以前所无法比拟，而且在构图、色彩、处理手法、形式、风格等方面，也是多种多样、千姿百态，超过历史上任一时期，决不像詹克斯形容的那样凄凄惨惨，暗淡无光。

现代建筑的丰富多彩，在很大程度上要归功于现代主义的建筑思想。现代主义的一个明显特点是反对建筑中的法式，也就是反对教条。现代建筑运动所起的作用有如中国现代文学革命。文学革命以后，生动活泼的白话文代替了文言八股，文学家和普通人作文写字得到了莫大的自由和便利，文学获得了新生命。与此相似，经过现代建筑运动，广大建筑师在设计工作中获得的自由，是先前的建筑师无法相比的。他们无须以这种或那种历史上的建筑样式为准绳，不受这种或那种法式的约束，可以按照实际的条件，按照业主或使用者的需要自由灵活地设计和创作。

20 年代现代建筑运动代表人物发表的见解中，最具有"法式"味道的大概是勒·柯布西耶在 1926 年提出的"新建筑五大特点"（底层独立支柱、屋顶花园、自由平面、横向长窗和自由立面）。然而，在关键的两个方面，即平面和立面的处理上是自由的，所以并非法式。

沙利文的一句话"形式跟从功能"，引起的争论最多。这句话的用意是清楚的：建筑的功能千差万别，所以建筑的形式也要千变万化。这个思想本身就是反对教条主义的，它击中学院派复古主义的要害，恢复了建筑形式同建筑功能的联系。至于说建筑形式和别的因素还有关联，建筑形式还有自身的演变规律：功能不是绝对的，在某种情况下，功能也要随形式而调节，这应由后人来加以阐明和补充，使这个正确然而又过于简单的命题完善起来，而不应将其一笔勾销。

密斯说过"少即是多"（less is more），这句话受到文丘里的严厉抨击。孤立地看，这句话似乎很成问题，但实际上表达了艺术处理的一个重要原则，那意思就是以少胜多，以一当十。如果不做绝对化的理解，它不失为一个有益的忠告。文丘里讥笑这个忠告，说"多不是少"（more is not less），又说"少是枯燥"（less is bore），也不是放之四海而皆准的。

当然，有些话是过头话，或错话。路斯将装饰同犯罪联系起来，显然是矫枉过正。20年代现代建筑运动的斗士们对于建筑遗产采取划清界限的严峻立场是可以理解的，在当时也是需要的。现在形势改变了，建筑师从历史上吸取某些今天仍然行之有效的经验和做法是有益的，特别是在有些传统的建筑材料和技术（如砖、木材和手工操作）还在大量使用的场合，更是需要的。纪念性建筑在历史上占有突出的位置，积累了丰富的个体和群体的构图经验，借鉴其中合乎今天需要的手法也是可能和需要的。

前面提到现代主义的基本思想在相当长的历史时期内发挥作用，但是现代建筑师具体采用的建筑手法、形式和风格则变化较快，这就使现代建筑在发展过程中显出阶段性来。被称为"第一代"现代建筑师的格罗皮乌斯、密斯、勒·柯布西耶等人在欧洲活动时期，由于第一次世界大战的影响，由于当时政治和经济形势激烈震荡，他们能够进行正常建筑活动的时间不到 20 年。由于反对者的敌视，他们能够得到的实际建筑任务既少又小，类型有限，而且经费拮据。从这一点看，"第一代"能够在二三十年代的建筑思想和建筑设计方面大破大立，做出那么多的贡献，难能可贵。他们当时的看法，特别是所采用的建筑手法，做出的建筑形式、形成的建筑风格带有那个物质匮乏时期的种种烙印、种种局限性，以及新生事物必有的不够成熟以至幼稚笨拙的痕迹，是可以理解的，也是不可避免的。现在西方有些人从各种偏见出发，或是把第一代的某些人一棍子打死（如对格罗皮乌斯），或是把他们的成就勾销（如对密斯），对现代主义和现代建筑全盘否定（如布莱克写《形式跟从惨败》），甚而不负责任地篡改历史（如沃尔夫写《从包豪斯到我们的豪斯》），这样的态度很不客观，这种做法很不公正。

事实是，现代主义为 20 世纪的建筑发展开辟了前进道路。第二次世界大战结束以后，现代建筑以多种形式发展，并推广到世界每一个地区，就是证明。现代主义建筑依然在继续前行。

后现代主义的定义

尽管多年来许多人在鼓吹后现代主义，可是，实在说来，这个主义仍然没有定论。

詹克斯说，"后现代主义"（Post-modernism）这个词在建筑方面最早见于 1949 年的一篇文章。在很长时间中它只是偶尔出现过，没有引起重视。据他说，1977 年他的《后现代主义建筑的语言》出版后，这个词才在建筑界流传开了。

从字面看，后现代主义几个字只表明它是接在现代主义之后出现的主义。是一种什么主义呢？没有点明。我们从"复古主义""浪漫主义""新陈代谢主义"之类的名称上，多少能得到一点概念，而"后现代主义"这个词，除说明时间顺序外，再没有什么暗示了。这也是一种"不定性"，可以有种种不同的理解。

一种比较普遍的看法是，后现代主义是近 20 年来一切修正或背离现代主义的倾向和流派的总称。1979 年初《时代》周刊那篇文章的作者就是这样用的。文章说：

> 70 年代建筑方面发生的事情，将证明是对本世纪头 30 年现代英雄主义时期的建筑观点——建筑的意义、建筑的作用、建筑应有怎样的外貌等等——做出的最大的修正。……他们没有共同的风格，也没有团结一致的思想信念。然而他们都集合在"后现代主义"这一把伞下面。

一位美国教授在讲稿中这样写着："后现代主义是许多种建筑运动的统称，他们批判现代主义，反其道而行之，企图取而代之。"（参见天津大学建筑系资料）这个讲法稍为明确一些，要点是"反其道而行之"。然而，还嫌笼统。

詹克斯不同意这种笼统的定义。他说把后现代主义这个词"不加区别地加到任何看来同国际式方盒子不同的建筑身上，于是，'后现代'这字眼就意味着一切令人可笑的、怪模怪样的、会引起敏感想象的建筑……我认为这个定义太一般化了"。为保持后现代主义的严格性和纯洁性，詹克斯提出了自己的定义：

> 如果需要给出一个简短的定义，一个后现代主义的建筑就是至少在两个层次上说话的建筑，一方面，它面对其他的建筑师和留心特定建筑含义的少数有关人士；另一方面，它又面向广大公众或本地的居民，这些人注意的是舒适问题、房屋的传统和生活方式等事项。[1]

现在我们面前有了两种后现代主义的定义。一种是普通人采用的，包括的范围比较广泛；另一种是詹克斯提出的，有特定的含义，范围较窄。尽管后一种定义不大好懂，可它是重要的。詹克斯是后现代主义的专家，我们应当尊重专家的见解。前一种定义过于宽泛，未能将现代主义自身的发展同后现代主义加以区别，因而引起更多的混乱。至于詹克斯的定义究竟是什么意思，以后将会明白。

文丘里

詹克斯大力宣扬后现代主义，著书写文章，又快又多，名气不小。还有一位斯特恩，也努力宣传。然而真正给后现代主义建立理论基础的不是詹克斯和斯特恩，而是文丘里。

文丘里在 1966 年出版《建筑的复杂性与矛盾性》引起了

---

1 詹克斯，《后现代建筑的语言》，里佐利国际出版公司，1977 年。

建筑界的震动，1972 年他同另两人合写《向拉斯维加斯学习》，这两本书是关于后现代主义建筑理论的最重要的文献。

然而文丘里很谦逊，既不肯说自己是理论家，又不承认自己是后现代主义者。他告诉人家，他是因为写了那两本书才同后现代运动联系在一起，但不愿别人说他创立了后现代主义。"当我第一次批判现代建筑运动时，我是局外人。现在风向转到我的观点方面来了，我仍然是局外人。"文丘里还不时对后现代主义者提出意见，例如，他批评"现在有些后现代主义者教条得同现代主义者一个样了"。[1] 他很聪明地保持着超然的地位。

判断一个人不能仅仅以他自己的表态为准，重要的是他的实际思想和实践。把文丘里的建筑观点同其他后现代主义宣传家（如詹克斯）的观点做一比较，就会发现后者的思想主要来自文丘里，而且也没有超出他。重要的不是名，而是实，尽管文丘里自己推辞，但人们并没错看他，他的言论及其建筑作品表明，他是后现代主义当之无愧的旗手。

耶鲁大学教授斯库利在为《建筑的复杂性与矛盾性》第一版所写的引言中说："这本书不容易，全部是新东西。"

《建筑的复杂性与矛盾性》确实表现了作者的博学睿智和独立思考精神。书中很多地方分析细微，富有启发性。文丘里将其他学科的术语，如"对位关系""片断反射""异化""矛盾共处"等引入建筑理论，使人有别开生面之感。他对"正统现代主义"和某些现代建筑师的作品的批评也包含着正确的见解。这本书不是一本寻常的读物，斯库利的评价有些夸张，但若说

---

1 美国《室内设计》杂志，1980 年 3 月号。

它是 1923 年以来最重要的少数建筑著作之一，是没有问题的。

　　文丘里这本书的主要论点是同现代主义以及某些现代建筑代表人物对着干的。这一点，在此书开头的《温和的宣言》中即已表露明白了，其中最重要的是下面两段：

> 　　建筑师再也不能被正统现代主义的清教徒式的道德说教所吓服了。我喜欢建筑要素的混杂，而不要"纯净"；宁愿一锅煮，而不要清爽的；宁要歪扭变形的，而不要"直截了当"的；宁要暧昧不定，而不要条理分明、刚愎、无人性、枯燥和所谓的"有趣"；我宁愿要世代相传的东西，也不要"经过设计"的；要随和包容，不要排他性；宁可丰盛过度，也不要简单化、发育不全和维新派头；宁要自相矛盾、模棱两可，也不要直率和一目了然；我赞赏凌乱而有生气甚于明确统一。我容许违反前提的推理，我宣布赞成二元论……我赞赏含义丰富，反对用意简明。既要含蓄的功能，也要明确的功能。我喜欢"彼此兼顾"，不赞成"非此即彼"；我喜欢有黑也有白，有时呈灰色的东西，不喜欢全黑或全白。

　　以上这些观点是《建筑的复杂性与矛盾性》全书的纲，其余部分是这个中心思想的发挥和具体化。其中包括以下各点，值得注意：

　　鄙夷理性。"在简单而正常的状况下所产生的理性主义，到了激变的年代已感到不足。"

　　主张作品不必完善。他以某些文学和雕刻作品为例，宣传"一座建筑也允许在设计和形式上表现得不够完善"。

　　追求怪诞的形象。"不要排斥异端"，"用不一般的方式和意外的观点看一般的东西"。

文丘里向大家着重推荐的建筑手法是：

"不协调的韵律、方向"；

"不同比例和尺度的东西"的"毗邻"；

"对立的和不相容的建筑元件""堆砌""重叠"；

采用"片断""断裂""折射"；

"室内和室外脱开"；

不分主次的"二元并列"。

这些是文丘里所说的"两者兼顾""适应矛盾""矛盾共处""不定性""双重功能""违反前提的推理"等主张的具体化。

在传统和革新的问题上，文丘里强调的是前者，对于革新持鄙视的态度。文丘里说建筑师热衷于革新而忘了自己是保持传统的专家。

文丘里介绍的保持传统的做法是"利用传统部件和适当引进新的部件组成独特的总体"，"通过非传统的方法组合传统部件"。文丘里也不排斥照抄照搬旧的一套，他说："甚至搞老一套也能获得新的意义。"（图4、图5）

文丘里的另一个观点是美国城市中自发形成的商业街道和建筑极有价值。他赞美"民间低级的酒吧间和戏院"，认为大街上的东西有"既旧又新，既平庸又生动的丰富意义"。这个看法在他第二本书《向拉斯维加斯学习》里被进一步发挥。

文丘里认为美国赌城拉斯维加斯的价值可与罗马媲美。他赞叹美国商业城市中的霓虹灯、广告牌、麦当劳快餐馆、汉堡包商亭。认为那些商业性的标志、象征、装饰有很高的价值。文丘里说："商业电视片和大广告牌的设计者综合运用文字、象征和图像，加强了效果，在这方面他们远远走在建筑师的

图 4． 文丘里和劳奇设计的布朗住宅草图

图 5． 文丘里和劳奇设计的布朗住宅

图6. 文丘里《向拉斯维加斯学习》插图

前面。"他有一句名言:"大街上的东西差不多全好。"(图6)

文丘里还有一句话,最能表现他的创作态度:"对艺术家来说,创新可能就意味着到旧的或现存的东西中挑挑拣拣。"

文丘里说,每一代建筑师,自觉或不自觉,都有自己的建筑定义。作为他自己建筑理论的基石,他提出"我们现在的定义是:建筑是带有象征标志的遮蔽物。或,建筑是带上装饰的遮蔽物"。他强调,这装饰应该是"附加上去的,而不是结合在一起的,机巧的而不必是正确的,特造的而非通用的"。

这是什么意思?很明显,他主张将装饰和象征标志同遮蔽物即房屋本身分离开来。

文丘里说,"认可象征性的装饰同遮蔽物分家,从而建筑的含义就超出了它自身而又解放了功能,让它自己照顾自己"。这就是说,装饰手法同房屋本身不必有内在联系,也就是建筑物可以表里不一,内外脱节。文丘里举例说,一座房屋"门面可以是古典的,里面可以是现代派的或哥特式的;外部是后现代的,里面可以是塞尔维亚-克罗地亚式的"。[1]文丘里用一幅图

---

1 法国《今日建筑》杂志,1978年6月号。

图 7.　一座小房子可供选择的立面（1977）

解，表明一座小房子里面不改动，外形可以做成古希腊式、埃及式、哥特式、拜占庭式，任何可以想到的或想不到的形式（图 7）。

合起来，我们看到文丘里主要做了 3 件事：一是鼓吹以杂乱、怪诞、暧昧为美的建筑学思想；二是鼓吹建筑师向现代美国的市井文化学习；三是鼓吹形式与功能彻底分家的建筑理论。

这些思想和主张不是文丘里一个人的，也不是他首创的，在他之前已经有人零零碎碎地提出来了。文丘里的贡献是把那些分散的零碎的思想集中起来，并从哲学、社会学、心理学、美学等的新流派新学说中引来根据，又从建筑史上，特别是欧洲 16 世纪手法主义的和自发形成的建筑中找出一些实例，使原来那些零散的观点系统化，并以理论的形态表现出来。文丘里比詹克斯、斯特恩、布莱克等人高明得多，他是真正的后现代主义的理论家。

几个实例

迄今为止，已经建成的典型的后现代主义建筑为数并不多，有人说即使美国也很难在街面上发现它们。现有的一些实例大都是些小住宅和个别中小型公共建筑[1]。

下面我们就几个著名建筑师有代表性的例子做一点考察。

文丘里（Robert　Venturi，1925—2018）

我们第一个要看的是文丘里为自己母亲设计的宾夕法尼亚州栗树山住宅（1962）（图8）。他在《建筑的复杂性与矛盾性》中告诉我们：

这座小住宅"既复杂又简单，既开敞又封闭，既大又小，许多的要素在某个层次上说是好的，在另外一个层次上又是坏的，它的格局中既包括一般住宅的普遍性要素，又包括特定的环境要素。它取得数目适中的不同组成部分之间的困难的统一，而不是数量很多或很少的组成部分之间的容易的统一"。

栗树山住宅有许多故意歪斜、扭曲、片断和断裂。这所住宅的入口和楼梯、壁炉的处理，是文丘里的得意之笔。关于它的入口（图9），他说：

"入口空间作为大的外部空间到宅门的过渡，在那里一道斜墙满足了重要的、非同寻常的指向需要。"

关于壁炉和楼梯的布置，他写道：

---

1 《世界建筑》杂志，1982年第4期。

图 8.　栗树山母亲住宅（1963）（刘珊珊 摄）

图 9.　栗树山母亲住宅入口（刘珊珊 摄）

　　"两个垂直的要素——壁炉烟道和楼梯——在那里争夺中心位置。而这些要素，一个基本上是实的，一个基本上是虚的，又在形状和位置上互相妥协，即相互弯倾，以便由它们构成的房屋中心达到二元统一。"又说："楼梯放在那个笨拙的剩残空间内，作为单个的要素来看是不佳的，但就它在使用和空间系列中的位置来看，作为一个片断，适应于复杂的矛盾的总体，它又是好的。"

　　读了这样的解说，再注视一下这座小住宅的实际形象，不禁使人联想起欧洲中世纪经院哲学家们的争论："把猪带到市场上去的究竟是手呢，还是绳子？"1982年，文丘里在一次讲演中又提到这座小住宅，这一回他强调它的平面和立面具有古典精神，但"古典而不纯，又有相反的一面，有手法主义的传统，有历史的象征"。（美国《建筑实录》杂志，1982年6月号）

　　不管怎样说来说去，依我们看来，这个栗树山住宅是一半守旧，一半做作。文丘里提到有人认为这座建筑"看起来像儿童画的房子"，他说"我愿它是那样的"。

　　俄亥俄州奥柏林学院爱伦艺术馆（1973—1976）的扩建部分，是文丘里设计的一座较大的公共建筑。值得注意的是，在它的一个转角处，衬托着一片斜墙，突如其来地出现了一个木头的爱奥尼式柱子（图10）。它的形状矮矮胖胖，滑稽可笑。这个柱子不久就获得了一个绰号——"米老鼠爱奥尼"（Mickey mouse Ionic）。它为什么出现在那个地方？是偶然遗忘了还是设计水平太低？都不是的，它是精心考虑的产物。窥一斑可知全豹，从这个柱子可以认识文丘里的"复杂性和矛盾性"。这个"米老鼠爱奥尼"是片断，是象征，是装饰，是"不同比例和尺

图 10. 爱伦艺术馆扩建部分的"米老鼠爱奥尼柱子"

度的毗邻",是"对立的和不相容的建筑元件"的"堆砌"。由它,我们还可领会"通过非传统的方式组合传统部件"的奥妙,领会装饰"不必正确"的含义,懂得什么叫"困难的统一"。

　　在文丘里的建筑作品当中,类似"米老鼠爱奥尼"的东西不止一处。布里吉奥诊所(1965)是座很普通的单层砖房。它的入口处却有一片不寻常的木板墙,由放射状散开的红木板构成,上面割出圆洞门,还有一条圆管子弯成的弧形线脚。木板墙同砖平房的"毗邻",构成了"困难的统一"。《建筑的复杂性与矛盾性》中有一节专门讲"矛盾共处"(contradiction juxtaposed）。文丘里说：“如果'适应矛盾'相当于温和疗法，'矛盾共处'就意味着电休克疗法了。”这片木板墙和“米老鼠爱奥尼”大概都可以归入电休克疗法之列。

文丘里有两个未实现的建筑设计方案，其一是俄亥俄州某地的市政厅方案（1965），另一个是国家足球荣誉厅方案（1967）（图 11）。前者有一片基本同主体脱开的屏风式立面，后者最突出的部分是一块可以映象的大广告牌，主要的房屋匍匐在大牌子后面。这两个方案典型地体现了文丘里的建筑精神。

他后来的若干建筑作品有更浓厚的复旧倾向。常常是不

图 11. 文丘里国家足球荣誉厅方案

但全用传统建筑材料，而且在形式上也照搬旧的一套。宾州大学教工俱乐部（1974—1976）、塔克住宅（1975），以及布兰特·约翰逊住宅是突出的例子。文丘里说"甚至搞老一套也能获得新的效果"，可这不过是新古董做旧的效果。

格雷夫斯（Micheal Graves，1934—2015）

多年来，后现代主义在官方建筑中很少表现。最近有了一个，是由格雷夫斯设计、新近落成的波特兰市政府的一幢大楼，那是个15层高的方块形建筑（图12）。同过去30年中美国大多数高层建筑不同，其外部有大面积的抹灰墙面，上边开出许多小方窗。每个立面都有些古怪的处理：竖向的和横向的窄条、庞大的楔状物，或扁平或突出、排列整齐的小方窗间夹着异形的大玻璃墙。大楼底部向四周扩出，屋顶上又加了些比例尺度全不协调的"小房子"。如果不告诉你这个设计出自现今很有名气的建筑师之手，如果这座建筑的渲染图和模型不是印在杂志上，人们也可能误以为是幼儿园小朋友画的或是拿积木搭的"大高楼"。

波特兰市政大楼的形象是格雷夫斯多年钻研的结果。他按照文丘里的启示，从过去的建筑样式中取来片断，加以变形，然后随意地安到他喜欢的任何地方。这些年，格雷夫斯最偏爱的一种"元素"是楔形的拱心石。波特兰市政大楼的立面上方有块高达4层楼的深色楔形的墙面，显然是拱心石的"象征"。格雷夫斯的其他建筑作品经常出现这种图形，如他的普洛塞克住宅（1979）（图13）方案中，主体建筑的正面有一个楔形的"断裂"，那是一个"虚的"拱心石的象征，"真正的"拱心石

图 12. 波特兰市政府新楼（1979—1982）

则被他"折射"到后面山坡上的小房子上去了。

詹克斯对格雷夫斯的波特兰市政大楼评价很高,他告诉我们,这座建筑"分成基座、柱身和柱头三部分,正好与人体的脚腿、躯干、头部相应,格雷夫斯以这种古典隐喻取代那没头没脑的玻璃盒子",又告诉我们,这座波特兰大楼"属于从勒布诺斯特的圣杰列维夫图书馆(巴黎)到麦肯-米德-怀特设计的波士顿公共图书馆那个伟大的公共建筑传统"。[1]

可是波特兰市当地的建筑师大都反对这个设计,在社会人士中还曾引起一场风波。但格雷夫斯在设计竞赛中得胜了。许多人抱怨说,关键在于约翰逊在评选过程中起了作用。

图13. 普洛塞克住宅立面设计图

---

1 英国《建筑设计》杂志,1980年5/6月号。

史密斯（Thomas Gordon Smith，1948—2021）

在年轻的美国建筑师中，史密斯被视为后现代主义的佼佼者。这是因为他在"断裂"古典建筑形式方面做得比他人更大胆。

试看他的"塔司干与劳伦仙"双住宅的设计（1979）。其中的一幢在门面上不对称地加上了3根橘黄色的古典柱子。再看他的马休街住宅方案，在面向院子的一面做了一个堂皇的希腊神庙式的门廊，它共有4个多立克式柱子，但正面又是只有3个的（图14）。另外，在院子里又单立着一个科林斯式的完整柱式。史密斯的做法符合文丘里的教导："通过非传统的方

图14.　马休街住宅方案

法组合传统部件。"而这种方法，如我们看到的，实在是对传统开玩笑的方法。不过，公正地说，史密斯的建筑形象比格雷夫斯的多数作品要好看得多，这是因为他虽然在大的方面对古典建筑形式加以肢解，可是在细节上还遵守古典柱式的比例，没有太多地加以变形。他的做法被称为后现代古典主义（Post-Modern Classicism）。

约翰逊（Philip Johnson，1906—2005）

美国电话电报公司大楼是后现代主义建筑最大、最著名的例子（图15）。早在1978年约翰逊提出那个方案时，它就出名了。

半个世纪来，约翰逊一直是美国建筑界的一位风头家。在他70多岁的时候，他又赶上了最新的一班车。这个高201米的电话电报公司大楼，坐落在纽约曼哈顿区摩天楼密集的地点。约翰逊一反美国战后摩天楼的常见形象，也和他自己同时期设计的几座玻璃大厦大不相同，他把这个电话电报公司大楼打扮成石头建筑的模样。底部有大片石墙面，高高的柱廊，正中一个圆拱门高33米。这座大楼的玻璃窗面积比战后一般高楼减少很多。大楼顶部做成带圆形凹口的山墙。有许多人说它像个老式木壳座钟。约翰逊的这个设计据说是仿效意大利佛罗伦萨一座15世纪教堂的形式。一位崇拜者说这个大楼是"自从克莱斯勒大厦（20世纪30年代建造）建成以来，纽约最有刺激性和最大胆的摩天楼"。[1]实

---

1 美国《时代》周刊，1979年1月8日。

图 15. 纽约美国电话电报公司总部

际上，它并不新鲜，无非是把 19 世纪末和 20 世纪初期芝加哥和纽约流行过的摩天楼形式重新搬了出来。

詹克斯立即指出，约翰逊的这个大楼正符合他的后现代主义的定义。詹克斯说：当你"以每小时 48 千米的速度（纽约出租汽车的速度）经过这座大楼，它的主体看起来像一座花岗石贴面的现代摩天楼，而当速度放慢仔细观看，它又像是沙利文的作品，即'前现代主义'（Pre-Modernist）的建筑。大楼立面划分和切分音节奏（Syncopation）直截来自古典摩天楼的传统……形成强烈对比的是：它骨子里乃是一座现代传统的摩天楼，它挣扎着，意欲脱颖而出；或者说，一个被塞入另一个之中"。[1]

詹克斯认为这些地方体现了后现代主义的基本的原则——"双重编码"（double-coding），即"在两个层次上说话"。

美国电话电报公司是美国，也是世界上最大的企业。它中意于这样的建筑形象，花费上亿美元的巨资将它建在纽约繁华的麦迪逊大街上，这件事自然使支持后现代主义的人感到鼓舞，所以这座尚未建成的大楼已被预定为"后现代主义的第一座丰碑"。

约翰逊先前追随密斯，人们曾戏称他为"密斯·约翰逊"。在他搞出了这个后现代主义建筑的丰碑之后，文丘里的妻子丹妮丝·斯科特·布朗（Denise Scott Brown）说约翰逊现在可以改称"斯科特·文丘里·约翰逊"了。[2]后现代主义的主要阵地在美国，但现在这股思潮已传到了世界其他地区，我们现在看两个美国以外的例子。

日本建筑师木岛安史

日本建筑师木岛安史设计的上无田松尾神社（1975—1976）（图16），是在一个典型的日本神社建筑前面放一个简化了的西洋古典式的柱廊。文丘里喜欢的"建筑要素的混杂"，或詹克斯说的"双重编码"，在这里表现为两种完全不同的建筑文化——日本古典建筑和西洋古典建筑硬碰硬的"毗邻"。

1 詹克斯，《后期现代建筑》，鲍尔丁·曼塞尔公司，1980年。
2 《世界建筑》杂志，1981年第4期。

对于人们的批评，木岛安史做这样的回答：

> 我既用东方的也用西方的好看的装饰元素来打扮我们的建筑。不懂得我的工作真谛的人轻视地说这不过是抄袭。我无意反驳他们的断言。各人水平都不同。[1]

詹克斯为木岛安史辩护，说一般人很容易把木岛安史的做法叫作"东方和西方、传统装饰和机器美学这些极端不同的东西之间的幻觉的、狂乱的结合"，但"说什么都可以，可木岛安史绝不是抄袭"。詹克斯认为此建筑具有的"幻觉寓意，不仅有理，而且几乎是合宜的"。[2]

图16. 上无田松尾神社

1 詹克斯，《后期现代建筑》，鲍尔丁·曼塞尔公司，1980 年。
2 詹克斯，《后期现代建筑》，鲍尔丁·曼塞尔公司，1980 年。

木岛安史在神社建成以后，特意用一幅图画显示他幻觉的寓意。这种爱好当然不是木岛安史一个人独有的，在许多年轻建筑师中，寻求梦幻似的体形环境也成了时髦的趋向。这种追求过去也有，但现在有了新的理论依据，即文丘里提倡的"违背前提的推理"。

西班牙建筑师博菲利（Ricardo Bofill，1939—2022）

博菲利在法国圣康旦地方建造的一片住宅区（图 17），可作为后现代古典主义的又一个例子。这些供中产阶级居住的四五层公寓住宅，沿着方整的街道网做周边式布置，目的是要形成传统的街道、广场、花园和庭院。那些公寓建筑采用预制钢筋混凝土结构，但在立面上却做出壁柱、拱形门窗、框边线脚、檐口、女儿墙等等。这些传统的要素虽然大为简化，但仍然使建筑物的外观显得陈旧、沉重和封闭。这是建筑师有意要保持凡尔赛、卢浮宫那种民族传统的结果。博菲利说新的建筑象征还没产生，所以还要"采用过去时代的建筑词汇和元素，直至建筑整体"。[1]博菲利在这个设计中担负起文丘里所说的"保持传统的专家"的责任。

博菲利的这种做法我们并不陌生。四五十年代，苏联某些城市中就建造了不少预制钢筋混凝土构件做成的伪古典式的多层和高层公寓，但后来都淘汰了。当今颇有名气的西方建筑师的最新设计又成了那个样子，时间似乎倒退了。

---

1 英国《建筑设计》杂志，1980 年 5/6 月号。

图17. 博菲利设计的住宅区

杂·假·俗·旧

现在要对后现代主义做出全面的准确的估价是困难的，但是从它的一些代表人物的言论和在这种思潮影响下产生的建筑实例中，可以看出它现在所具有的若干特点。

第一，鼓吹后现代主义的人极少谈到社会生产和科学技术对建筑的影响，他们也极少从社会公众对建筑现实的需要来考虑建筑问题。反之，经常听到他们攻击新建筑运动的倡导者"迷信"工业、"崇拜"技术。他们还把格罗皮乌斯、勒·柯布西耶关心大规模建造住宅和为改善普通人的居住环境所做的探索，讥为"乌托邦"。詹克斯等人有时也提到工业和技术，但都是作为消极的因素提出来的。后现代主义者实际上讨厌工业化，讨厌现代化，他们所关心的只是艺术。詹克斯说："后现代主义这个词仅仅包括那些把建筑当作语言对待的建筑设计者。"就是说，在他们的心目中，建筑首先和主要地是一种传达信息的媒介。他们回避国计民生的问题，而把注意力集中在形式、装饰、象征、寓意等方面。虽然问题的提法与过去有点不同，可思想是旧的。后现代主义者同先前的学院派一样，都宣传唯美主义的建筑观点。影响所及，将引导建筑师、建筑学生鄙视实际，轻视群众，规避建筑师所应承担的社会职责，而向往在"纯艺术"的象牙塔中自我满足。

第二，后现代主义割裂建筑形式与功能的联系，露骨地鼓吹形式主义。现代建筑运动的一大功绩是在建筑形式长期与建筑功能（还有结构、技术）脱节之后，重新使两者挂钩。在这个问题上，机械论的偏向应该纠正，但是后现代主义者并非要纠正错误，而是要倒退，鼓吹形式与功能的脱节。路易斯·康提出过"形式启发功能"（form inspires function），约翰逊又提出"形式跟从形式"（form follows form），都把建筑的形式当成独立的超然的自在之物。到了文丘里，则进一步割断两者的联系，他的建筑定义可以称之为"两层皮"的理论。这种理论使建筑设计中弄虚作假的做法合法化。按照这种理论，建筑师可以放手搞舞台布景式的或假面具式的建筑形象。矫揉造作、假大空，都可受到称赞。显然，这也不是新发明，它是历史上手法主义的翻版。

在建筑中，搞虚假的景片式的立面可能使人觉得新奇，但终究还是邪门歪道。单就艺术而言，把形式同功能或者结构割裂开来，会使建筑艺术因缺乏真实性而失去生命力。文丘里本人设计的一些建筑物的外观，不是呆滞平庸，就是滑稽可笑，这不能怪他的水平不高，实在是认真贯彻自己理论的结果。

第三，后现代主义在尊重历史的名义下重新提倡复古主义和折中主义。后现代主义者指责现代派不要遗产，割断历史，而他们自己是历史主义者。这种说法最能打动人。然而，什么叫作尊重历史？历史在发展变化，支持建筑随社会前进而革新和发展才是真正的历史主义。近一二十年来，美国建筑界一些人大力倡导历史主义，其实是复古主义的复苏。1975 年纽约现代艺术博物馆举办的"法国艺术学院建筑传统"展览，也反映出这种趋向。近年来，美国建筑界许多人对 20 世纪以前的各种建筑风格及代表人物表现出浓厚兴趣，也是复古主义和折中主义抬头的征候。从帕拉底奥主义到拿破仑的帝国风格，从希特勒伪古典主义到莫斯科大学的建筑，现在都有人赞颂。[1]英国著名的复古主义建筑师勒琴斯（Edwin Lutyens，1869—1944）现在受到许多人的怀念，文丘里发表文章号召人们"向鲁勒琴学习"。[2]詹克斯说后现代主义是从历史主义开始的，如果他把"历史主义"改成了"复古主义"，他就完全正确了。

时间到了 20 世纪的后期，完全地复古实际上也不可能了，于是杂凑，即搞折中主义。所以文丘里一方面说建筑师是"保持传统的专家"，同时又来提倡"混杂的东西"。所以詹克斯直截了当地说"后现代主义是杂交的（hybrid）"，是所谓"激进

---

1 法国《今日建筑》杂志，1977 年 4 月号。
2 《英国皇家建筑师协会会刊》，1969 年 8 月号。

的折中主义"（Radical Eclecticism）。[1]

第四，后现代主义在反教条名义下，突破既有的建筑艺术的规律性和逻辑性，这是后现代主义美学思想的中心。文丘里在这方面的论点我们已有所了解，其他人也发表过许多类似的观点。美国建筑师泰格曼（Stanley Tigerman）认为大多数人对建筑的态度过于严肃，他说："他们相信有某种正确的道路，其实并没有。"他宣称："我们要搞好耍的、歪扭的、违反常情的东西。"[2] 盖里说得最透彻，他要建筑师从"文化的包袱"下解脱出来，他提出的目标是"无规律的建筑"（no rules architecture），因为他认为"不存在规律，无所谓对，也无所谓错。什么是丑，什么是美，我混乱着呢"。[3]

詹克斯在他早些时候出版的一本书中对这种观点和态度曾有过较多的介绍。他说美国一些建筑师"愉快地玩弄形式"，他们根本不企图创作出"完整的正经的建筑作品"，在他们看来"压根不存在规律，无论怎么搞都行"。这些人"满足于滑稽闹剧般的状态"，粗鲁的、有缺陷的状态。他们甚而说："正因为太糟，所以就好……正因为吓人所以它不错。"[4] 詹克斯说，这些建筑师明知这样弄出来的东西不是"精美的宝石"，但他们反问道："艺术为什么非得是伟大传统中的一系列连续的渐强音呢？"在 1973 年，詹克斯也没有采用后现代主义这个词，当时，他把这种创作态度和建筑艺术观点不无贬义地叫作"杂

---

1 詹克斯，《后现代建筑的语言》，里佐利国际出版公司，1977 年。
2 美国《建筑实录》杂志，1976 年 9 月号。
3 美国《建筑实录》杂志，1976 年 6 月号。
4 詹克斯，《建筑中的现代运动》，纽约铁锚出版社，1973 年。

乱主义"（Chaoticism）以及"野营派"态度（Camp Attitude，Camp 这个字含有庸俗下流、扭怩作态的意思），这两个名称倒是既明白又贴切。[1]

总之，否认建筑艺术中的既有规律，排斥逻辑性，宣扬主观随意性，以杂乱、怪诞和暧昧为美，是后现代主义的一大特色。后现代主义者自诩尊重历史，又以配合环境相标榜，可是他们搞出来的建筑作品实际上是对古典建筑的戏弄。

詹克斯有两句话对于澄清后现代主义的实质极为重要。"最典型的后现代主义建筑表现出明显的双重性和有意的精神分裂症（Conscious Schizophrenia）。""我仍然把高迪视作后现代主义的试金石。"[2]19 世纪末 20 世纪初，西班牙建筑师高迪（Antonio Gaudi, 1852—1926）以怪诞的表现主义建筑而出名。在这里，"有意的精神分裂症"和"试金石高迪"，指明了后现代主义的精髓所在。

综合上述，我们可以看到，后现代主义是现今一种形式主义的建筑思想，它的鼓吹者向人们推荐的样板是"勒琴斯 + 高迪 + 拉斯维加斯"，即"复古主义 + 非理性主义 + 美国的市井艺术"。更简单点，不妨说后现代主义提倡 4 个字：杂、假、俗、旧。

1 詹克斯，《建筑中的现代运动》，纽约铁锚出版社，1973 年。
2 詹克斯，《后现代建筑的语言》，里佐利国际出版公司，1977 年。

反改革

　　1980 年夏天，在威尼斯两年一度的艺术节上，首次举办了建筑展览。这个建筑展览会设在威尼斯著名的 16 世纪兵工厂的一座厂房里。在长为 70 米的通道两侧，20 名特邀的建筑师每人设计一段临时的建筑立面，合起来形成"一条街"。这次建筑展览的主题是所谓"历史的呈现"（the presence of the past）。主持者说"现代主义建筑同历史及现有环境脱节"，所以，"要显示能同历史及现有环境结合的新的建筑潮流"。[1] 被挑选的建筑师有美国的文丘里、摩尔（Chales Moore）、斯特恩、格雷夫斯、泰格曼、盖里、史密斯，其他国家的有博菲尔（西班牙）、矶崎新（日本）、霍勒因（Hans Hollein，奥地利）、波托盖西（Paolo Portoghesi，意大利）等。此外，约翰逊设计的美国电话电报公司大楼的模型赫然陈列在会场中。詹克斯也以建筑评论家的身份在展览中占有一席之地。从展览的主题思想和参加展出的建筑师的阵容来看，这是后现代主义一次集中的国际性大亮相。

　　约 20 年前，瑞士艺术史家吉迪翁就曾为他所说的"浪荡公子建筑"（Playboy Architecture）而忧虑。[2] 时间过去了 20 年，威尼斯建筑展览会表明后现代主义的建筑似乎比"浪荡公子建筑"更进了一步。

　　威尼斯建筑展览会结束过后，詹克斯写了一篇回顾文章，

1　日本《建筑与都市》杂志，1981 年 2 月号。
2　美国《建筑论坛》杂志，1962 年 7 月号。

题目是《反改革运动——1980 年威尼斯展览会之回顾》。[1] 这篇文章充满了寓意和象征，文章本身用的就是典型的后现代主义的语言。詹克斯说建筑史和教会史相似，接着他把现代建筑运动比作 16 世纪德国宗教改革运动，把现代建筑的代表人物比作宗教改革运动的领袖。于是就出现了"马丁·路德·格罗皮乌斯""约翰·加尔文·柯布西耶"等杜撰的人名。[2] 他把 1927 年由密斯主持的斯图加特建筑展览会称作宗教改革者大会。1980 年的威尼斯建筑展览会是罗马教皇召开的反改革的宗教会议，在那里，"教皇通谕宣告后现代主义生效"。詹克斯写道："历史回来了，传统回来了……1927 年的宗教改革被 1980 年的反改革所镇服，理性主义被后现代主义吞噬。"尽管这篇文章装神弄鬼、真真假假，但我们必须感谢詹克斯，他讲出了事情的实质：现代主义是改革运动，后现代主义是反改革运动；前者代表理性，后者吞噬理性；现代主义代表前进，后现代主义代表复辟。詹克斯讲得有声有色而且如此透彻，无需我们再做什么补充了。

社会根源

为什么出现后现代主义？

有人说这是物极必反，现代主义到了顶，就该由后现代主义来代替它。有人解释说，现代主义是经济水平不高时的产

---

1 英国《建筑设计》杂志，1982 年 1/2 月号。

2 马丁·路德（Martin Luther，1483—1546），16 世纪德国宗教改革运动的初期领导人，神学教授。约翰·加尔文（John Calvin，1509—1564），宗教改革的著名活动家，新教加尔文教派的创始人。

物，现在那些国家阔了，自然要换一种主义。还有一种解释是，现代建筑已被人看腻了，需要换个口味，所以后现代主义应运而生。这些解释都有道理，但只是说明现代主义应该"下台"，而没有讲明白那接替之物为什么就是后现代主义。

是什么条件和背景促成了建筑中的后现代主义？

首先，在西方国家本来存在着后现代主义的种子和土壤。复古主义和折中主义的历史比现代主义长得多。经过 20 世纪初期的较量，这些保守思想失去了往昔的优势，但它们并没有完全消失。例如，在 30 年代的德国、50 年代以前的美国和 60 年代以前的苏联，复古主义和折中主义都有很大的市场。只是由于在一个相当长的时期内，西方的建筑出版界很少反映它们的存在，因而人们忽略了。特别值得提出的是，美国这个国家虽然本身的历史很短，但建筑界的复古主义思想却相当顽强。只要想一想 19 世纪末大胆创新的芝加哥学派被保守势力所淹没，赖特是在受到欧洲的赏识后才在本国受到重视这些历史事实，就可以知道保守的建筑思想在美国是何等的根深蒂固。这种情形不仅在建筑方面，而且在美国社会生活的其他方面也表现出来。恩格斯曾指出美国的工人阶级也受到了保守思想的影响，而这种保守思想是资产阶级的偏见。

1892 年，恩格斯在致美国工人运动活动家弗·阿·左尔格的一封信中写道："……在这里，在古老的欧洲，比你们那个还没有摆脱少年时代的'年轻的'国家，倒是更活跃一些。在这样一个从未经历过封建主义、一开始'就在资产阶级基础'上发展起来的年轻国家里，资产阶级的偏见在工人阶级中也那样根深蒂固。这是令人奇怪的,虽然这也是十分自然的。""……正如在每一个年轻的国家里那样，首先是物质方面的，它会造成人们思想上某种程度的落后，使人们留恋同新民族的形成相联系的传统。"

以非理性为特征的表现主义的建筑思想情形也是这样。表现主义在 20 世纪初期活跃过一阵，20 年代以后失去了势头，但并未绝迹。如美国建筑师高夫（Bruce Goff，1904—1982）一直在建造高迪式的建筑，就是一个例证。总之，现代主义以前各色各样的建筑思潮，虽然在 20 年代以后有所削弱，但并没有也不可能完全消失，它们的思想影响长期存在。而许多种"前现代"的建筑思潮正是后现代主义的根子和基础。它们在合适的气候下就会重新萌发，再次扩散。当然不是完全以旧的面貌，而是多少加进了新的因素，改变了形态。大约从 20 世纪 60 年代起，这种合适的气候首先在美国形成了。

第二次世界大战结束后不久，发达资本主义国家的经济经历了一段高速增长的时期，出现了所谓高度消费的福利社会。但是不久就发现经济的高速增长也带来了一些消极的后果，诸如资源浪费、环境污染、生态平衡遭到破坏、富国与穷国之间的差距拉大、社会和家庭结构动荡等等。许多问题本来是由于资本主义社会制度或由于缺少预见而产生的，可是有人把毛病归咎于工业和科学技术本身，从而提出限制或停止工业发展的论调。著名的"罗马俱乐部"提出"经济零度增长"（zero-economic growth）的主张是个例子。

20 世纪 60 年代以后，西方国家的经济增长率开始减退，战后初期的"黄金时代"结束了。美国在世界经济中的领先地位也遇到了挑战，它的经济增长率逐渐落在西德、日本之后，麻烦接踵而至。进入 70 年代，问题更多。这种情况也影响了建筑界。1976 年美国《建筑实录》杂志刊载的一篇演讲说：

"构成美国生活方式的某些制度现在不仅遇到了麻烦，而且伤口撕裂了。维持我们生活的许多系统，如能源、社会福利制度、城市和卫生不是都出了毛病吗？世界经济震荡不驯超过往昔，对政治制度的嘲讽遍布世界。总的说来，我们的几乎全部工业体系（包括建筑业的市场）比以前更难预料了。"[1]

20 世纪 60 年代是美国社会激烈动荡的年代，反侵越战争的浪潮、黑人人权运动、女权运动、青年人中间出现种种反常现象，如吸毒风气、群居运动、性自由运动等等。"垮掉的一代"蔑视传统的价值观念，蔑视权威，向正统文化进行挑战，形成一种无政府主义倾向的激进思潮。

与之相对立，美国的右倾保守势力抬头，被称为"新保守主义"（New Conservatism）的思想在美国蔓延。面对着日益发展的社会危机、信仰危机、文化危机，新保守主义者缅怀逝去的"旧日好时光"。他们抨击自由平等观念，抨击 30 年代的自由主义和进步主义，在各个方面攻击革新，鼓吹复旧。他们努力提倡宗教活动，鼓吹旧思想、旧道德和正统文化的价值。希望借此阻遏过激思想，消弭社会纷乱。1976 年美国纪念建国 200 周年时流露出来的怀旧情绪，里根上台后推行的一系列保守政策，是保守主义抬头的明显标志。[2]

---

1 《建筑实录》杂志，1976 年 11 月号。

2 美国国际交流总署出版的《交流》杂志 1982 年第 2 号有文章专门介绍《今日美国的保守主义》，在第 21 页编者写道："在过去十年里，特别是 1980 年总统选举以来，美国人对当前经济、政治和社会的态度，明显地向右转了。用里根总统的话来说，就是'人们组成了一个阵容日益壮大而观点多种多样的集团，这个集团作为一个整体常常被称为保守主义运动'。"同一杂志 1982 年第 4 号上载有丹尼尔·扬克洛维奇（Daniel Yankelovich）的文章《美国生活中的新准则》，作者说"有一个名叫'道德多数会'的组织，决心通过政治手段来恢复宗教和精神生活中那些较为古老的准则"。

这样的社会条件和背景不可能不对艺术的各个部门发生影响。事实上，两种对立的社会思潮：无政府主义倾向的激进思潮和提倡复旧的新保守主义，都在最近一二十年来的美国文学艺术中打下烙印。有趣的是，在许多文艺作品中，两种对立的思潮奇怪地结合起来。

在美术方面，较早地出现了所谓"波普派"（Pop Art），这一派的美术家否定上层社会的艺术口味，把自己的注意力转向了"以前认为不值得注意更谈不上用艺术来表现的一切事物"，"波普艺术家注意象征性，选择小汽车、高跟鞋、时装胸架等现代社会的标志和象征"，"把互不相干的不同形象结合在一起，在比例和结构上做莫名其妙的改变"。[1] 著名波普派画家安迪·沃霍尔（Andy Warhol）的代表作，画的是一个西红柿汤罐头，他宣布要"由汤罐头造出艺术和由艺术造出汤罐头"（图18）。另一方面，学院派的绘画现在也抬头了。一位瑞士艺术评论者写道："有一度人们简直把19世纪的美术学院，尤其是法国的美术学院看得一无是处。现在，这一切都改变了。学院派不再被当作一个坏字眼。"他说："当代美术的发展，可能有赖于学院派美术的复兴，特别要靠'新现实主义'来向现代派的正统观念进行挑战。"[2] 作为两种美术思潮结合的结果，我们现在看到了"超级现实主义"的美术作品，诸如比放大相片还细致的绘画，和从人身体上翻制出来的雕刻，这种美术被称为"后现代主义"美术。

1《国外美术资料》，第一期，第二期。
2 同上书。

图 18. 安迪·沃霍尔绘制的西红柿汤罐头

建筑潮流历来和美术潮流有着亲密的关系。一般认为建筑同文学隔得很远，但是实际上仍有相通之处。我们不妨也看一看美国当代文学的情况。

美国哈佛大学丹尼尔·艾伦教授（Daniel Aaron）1980 年在北京论述美国文学现状时讲了下面的话：

> 战后的美国社会变得十分复杂，价值观混乱……过去 25 年来发生的事件，不仅使敏感的作家感到愤怒和厌恶，而且还使他们陷入困境……今天的现实太可怕，作家只能以幻觉和想象的形式，让日常生活中的混乱、恐怖和疯狂，在怪诞、滑稽和荒谬的形象中得到再现。

作家在情景和人物的描写方面放弃了过去那种纪实的写作

方式，改用通过描写事物带出某种象征性意义的方法……转向写劝喻式的作品。

在旧小说中，有一条合乎逻辑的叙事线索……在新小说中，叙事前后跳跃，时间颠三倒四，给人以一种不安之感。有时连小说的组织形式本身也具有象征意义。

今天的许多作家对创造完整生动的人物形象不太感兴趣……他们塑造的是漫画式的人物和破碎的形象……新作家把这些人物生活中的可怕之处加以夸大、激化，然而又用一种嬉戏式的、怪诞的方式来表现这些可怕之处。[1]

建筑不是政治，不是经济，也不是文学和纯艺术，但是在一定时代、一定时期中，建筑领域里哪一种思潮占了上风，哪一类流派的作品获得重视，总是同当时当地的政治、经济和文学艺术以及其他许多部门的情况有着千丝万缕的联系，反映出它们的影响。从以上介绍的一些情况看来，美国出现的后现代主义建筑是美国社会变化的产物。"后现代主义"不是建筑领域独有的现象。它的出现既不偶然，也不孤立，我们还可看到，后现代主义建筑不但在思想倾向上同"后现代"的文艺有共同处，甚至在形式和手法方面，也有惊人的相似点。在后现代主义建筑中，我们也看到了无政府主义的激进思潮和保守主义这两种对立的思想影响的奇怪的结合。

1978 年，美国建筑师学会把金奖授给了约翰逊，在授奖仪式上，这位建筑师讲了这样几句话："全世界的思想意识都

1 《外国文学》，1981 年第 1 期。

正在微妙地转变。我们在最后面，像历来那样，建筑师正在向火车末尾的守车上爬。"[1]约翰逊讲得很形象，事情正是这样。但要补充一点，并非所有的建筑师都落在后面，有些人早就在车上了。

（原载于《论现代西方建筑》，中国建筑工业出版社，1997，有删改）

---

1 《美国建筑师协会会刊》，1978 年 7 月号。

建筑与解构

　　什么是解构？解构同建筑有什么关系？怎样的建筑算是解构建筑？这些都是值得讨论的问题。电影《秋菊打官司》里的女主人公东跑西颠，为的是讨一个说法。我自己也一直想讨得一个"解构建筑"的说法。关于解构建筑，说法倒是不少，然而众说纷纭。许多论说相当费解、难解，以至不可解。拜读之后，还似在五里雾中。这也许是由于人们的基本观念不同，也许是人们对一些词语的内涵规定不一，理解存在差异。现在，我将此刻的认识作为一种说法提出来。

解构哲学

　　解构主义是当代西方哲学界兴起的一种哲学学说。要想大略了解这种哲学，须得从另一种哲学，即结构主义哲学说起。

　　结构主义是 20 世纪中前期有重大影响的一种哲学思想，主要是一种认识事物和研究事物的方法论。结构主义哲学所说的结构，比我们搞房屋建筑的人心目中的结构要广泛得多。指的是"事物系统的诸要素所固有的相对稳定的组织方式或联结方式"。结构主义哲学说"两个以上的要素按一定方式结合组织起来，构成一个统一的整体，其中诸要素之间确定的构成关系就是结构"。[1] 著名的结构主义代表人物列维·斯特劳斯（Claude Lévi-Strauss，1908—2009）等人强调结构有相对的稳定性、有序性和确定性，强调我们应把认识对象看作是整体结构。重要的不是事物的现象，而是它的内在结构或深层结构。西方结构主义的发展同对语言学的研究有密切的关系。结构主义语言学认为语言中的能指与所指（词与物）之间有明确的对应关系，是有效的符号系统。结构主义被用于人类学、社会学、历史学和文艺理论等方面的研究，取得了不少的成绩。

像一切事物发展的情形一样，在结构主义的发展过程中与上述观点相对立的观点也发展起来，人们指出结构是不断变化的，并没有一成不变的固定静止的结构。例如以文学作品来说，不同的读者对一部作品有不同的理解和解释，作品结构在读者的阅读中就成了不断运动、不断变化的东西，作品的静止结构就消失了。这种观点被称为后结构主义。许多结构主义者后来转变为后结构主义者，结构主义趋于衰落。

对结构主义攻击最猛烈的是法国哲学家德里达（Jacques Derrida，1930—2004），他原先是结构主义者。1987 年出版的《中国大百科全书·哲学卷》称他为"法国哲学家、结构主义的代表"。可事实上，早 20 年他就反了。

---

1 《中国大百科全书·哲学卷》第 358 页。

1966 年 10 月，美国约翰·霍普金斯大学人文研究中心组织一次学术会议，大西洋两岸众多学者参加，多数是结构主义者，会议的原意是在美国迎接结构主义时代的到来。出人意料的是，当时 36 岁的德里达的讲演把矛头指向结构主义的一代宗师列维·斯特劳斯，全面攻击结构主义的理论基础，他声称结构主义已经过时，要在美国树立结构主义已为时过晚。德里达的观点即解构理论（Deconstruction），即解构主义哲学。有人把解构主义归入后结构阵营。但也有人认为德里达开启了一个"解构主义的时代"。德里达的解构主义攻击的不仅仅是 20 世纪前期的结构主义思想，他的攻击面大得多，实际矛头指向柏拉图以来整个欧洲理性主义思想传统。

中国哲学界指出了德里达解构主义的这种实质。叶秀山认为德里达对西方人几千年来所崇拜的、确信无疑的"真理""思想""理性""意义"等打上了问号[1]。陆扬认为德里达对西方许多根本的传统观念"提出了截然相反的意见，力持许多人认为是想当然的基本命题，其实都不是本源所在，纯而又纯的呈现，实际上根本就不存在"[2]。包亚明认为，德里达"把解构的矛头指向了传统形而上学的一切领域，指向了一切固有的确定性。所有的既定界线、概念、范畴、等级制度，在德里达看来都是应该推翻的"[3]。

德里达怎么有这么大的本事？解构哲学怎样施行如此广泛的攻击呢？原来德里达采用了釜底抽薪和挖墙脚的战术。他以

---

1 叶秀山，《意义世界的埋葬——评隐晦哲学家德里达》，《中国社会科学》，1989 年 3 月。
2 陆扬，《论德里达对欧洲理性中心主义传统的解构》，《暨南大学学报·哲社版》，1992 年 2 月。
3 包亚明，《德里达解构理论的启示力》，上海《学术月刊》，1992 年 9 月。

语言为突破口，一旦证明语言本身不可靠，那么用语言表达的那一套思想体系也就成问题了。

在 1966 年约翰·霍普金斯大学会议上德里达演讲的题目是《人文科学话语中的结构、符号和游戏》。1967 年他同时出版 3 本著作：《论文字学》、《文字与差异》和《言语与现象》，都是讨论语言问题。先前的哲学家大都认为语言系统的能指与所指有确定的关系，能够有效地用来解释世界表达思想，而德里达用他的一套理论证明语言系统的能指与所指是脱节的、割裂的，所以语言本身是不确定的、不可靠的，正如中国古代思想家所谓的"书不尽言，言不尽意"。包亚明指出："在德里达看来，语言决非传统思想形容的那样，语言不是反映内在经验或现实世界的手段，语言也不能呈现人的思想感情或者描写现实，语言只不过是从能指到所指的游戏，没有任何东西充分存在于符号之内。这就意味着任何交流都不是充分的，都不是完全成功的。通过交流而得以保存和发展的知识，也就变得形迹可疑了。"于是，"在德里达的抨击下，确定性、真理、意义、理性、明晰性、理解、现实等等观念已经变得空洞无物。通过对语言结构的颠覆，德里达最终完成了对西方文化传统的大拒绝"。

德里达是西方传统文化的颠覆者和异端分子，解构理论让人们用怀疑的眼光扫视一切，是破坏性的、否定性的思潮。美国一位解构主义者形象地说，解构主义者就像拆卸父亲手表并使之无法修复的坏孩子。有人指出，解构主义只具有否定性的价值，不会上升为理论主流，但是它能促进思想的发展，而其中所包含的某些思想成分则可能被以后的理论主流所吸收。

解构建筑

德里达解构哲学的激烈和异端性质使它具有很大的冲击力和启发性，正如日常生活中，谆谆说教无人注意，猛烈的翻案文章却有轰动效应和连锁反应。解构理论出台后，在西方文化界引起一阵解构热。文学、社会学、伦理学、政治学等等以至神学研究，都有人在德里达的启示下进行各种各样的拆、解、消、反、否等大翻个式的研究，到处都有"坏孩子拆卸父亲的手表"。

终于，不可避免地，这股风也吹进建筑师界和建筑学子们的头脑中和创作中来了。

1988年3月在伦敦泰特美术馆举办了一次关于解构主义的学术研讨会，会期一天。上午与会者观看德里达送来的录像带，并讨论建筑问题，下午讨论绘画雕刻。同年6月，纽约现代美术馆举办解构建筑展（图1、图2）。展出7名建筑师（或集体）的10件作品。7名建筑师是盖里（Frank Gehry）、库哈斯（Rem Koolhaas）（图3）、哈迪德（Zaha Hadid）（图4）、里伯斯金（Daniel Libeskind）（图5）、蓝天组（Coop Himmelblau）（图6、图7）、屈米（Bernard Tschumi）（图8）和埃森曼（Peter Eisenman）。因为有建筑形象，这个展览会更引人注目和容易引起讨论。在这两次活动之间，英国《建筑设计》杂志出版《建筑中的解构》专号（3/4，1988），由此解构建筑声浪大作。

纽约解构建筑7人展开幕的时候，美国《建筑》杂志1988年6月号"编者之页"写道："本世纪建筑的第三趟意识

图 1. 纽约现代美术馆解构主义建筑展览之一

图 2. 纽约现代美术馆解构主义建筑展览之二

图 3.　库哈斯设计的西雅图中央图书馆

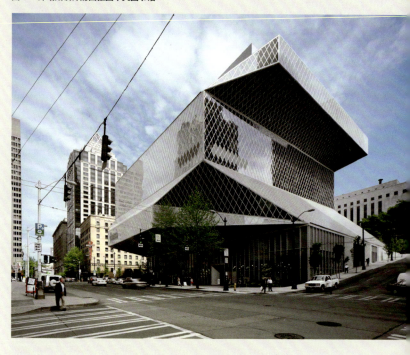

图 4.　扎哈·哈迪德设计的莫斯科 Dominion 办公楼室内

图 5. 里伯斯金设计的安大略皇家博物馆

图 6. 蓝天组设计的里昂的汇流博物馆

图 7.　蓝天组汉堡高层建筑方案（1985）

图 8.　屈米设计的拉维莱特公园（1985）

形态列车就要开动。第一趟是现代主义建筑，它戴着社会运动的假面具；接着是后现代主义建筑，它的纪念物真的是用意识形态加以装点的，以至于如果不听设计者本人 90 分钟的讲解，你就不可能理解它，而且即使有讲解，也不一定有帮助。现在开出的是解构主义建筑，它从文献中诞生出来，在有的建筑学堂里已经时兴了 10 年。今后几个月，赶在解构建筑消逝之前，我们和别人还有些话要说。"（Architecture，1988，June）这位编者虽然暗示解构建筑会很快过去，但仍把它与现代主义及后现代主义建筑相提并论，合称 20 世纪建筑的三大潮流。

1988 年纽约解构建筑展筹办人之一威格利（Mark Wigley）不肯给解构建筑下定义，他说只是展出了 7 位互相独立的、美学上各不相同的建筑师的作品，他们之间的相似性和差异性同样重要。他说现在大家注意解构建筑，表明人们正在忘记后现代建筑。《建筑》杂志的一位记者认为威格利只讲解构建筑不是什么：不是一种新风格和新运动，不是一种新潮流，不预示未来，不是花言巧语的新派别，不是从社会文化中产生的，也不是从解构哲学中产生的，不是一种时代新精神，展览会也不是在提倡一种建筑风格，等等。但据记者报导参观者发言却认为它是在偷运某种风格，认为那些作品忽视功能，华而不实，冲击建筑表现，是低劣的雕塑。

自 1988 年的讨论会和展览会以来，公认的解构主义建筑的代表人物仍不太多，数得上来的大概有一二十人。有些被别人封为解构主义的建筑师，自己还加以否认。声名最显赫的解构建筑名师，还数埃森曼与屈米二人。

关于解构建筑的专文与专著，我国建筑学者也有多篇介绍与阐释。笔者认为两篇文章有重要价值，一是张永和写的《采访彼德·埃森曼》[1]，另一篇是詹克斯写的《解构："不在"的愉悦》[2]。头一篇文章是少有的中国建筑师与埃森曼面对面问答，然后用中文写出，是一篇好懂可信的材料。后一篇是著名建筑评论家写的批评性文章，原文也容易查找。一个是解构名家自己回答询问，一个是持怀疑态度的批评家文章。两者都是第一手材料，值得注意，可作依据。

埃森曼俨然是一位高举解构建筑大旗的理论家和实践家（图9、图10）。他讨厌解构建筑"变成一种风格"，成为一个"赋予一些貌似相同的建筑作品的名字"，他抨击有的人真的只是"画些看上去解构的东西"。

埃森曼强调建筑师要好好研究黑格尔以后的欧洲哲学，如尼采、海德格尔，当然最最重要的还是德里达的解构哲学，"这是搞建筑的唯一途径"。然而，可惜的是，"蓝天组的沃尔夫、普利克斯、伯纳德·屈米、雷姆·库哈斯从来没读过德里达，没准儿屈米是例外"。言下之意，只有埃森曼，"没准儿"加上屈米，走的是"搞建筑的唯一途径"。埃森曼把正牌解构建筑师的圈子划得极小，采取了孤家寡人的政策。

解构哲学同解构建筑究竟有怎样的关系呢？埃森曼说："建筑不是表达哲学思想；在解构的条件下，建筑就可能表达自身、自己的思想。建筑不再是一个次要的思想论述的媒介。"对待解构哲学，"不能是简简单单地，而是要寻找借来想建筑的那些思想含义。"

埃森曼提出解构的基本概念包括取消体系、反体系，不相

---

1 《世界建筑》1991年2月。
2 Charles Jencks, *Deconstruction: the Pleasures of Absence*, A. D. NO. 3/4, 1988, pp. 17—31.

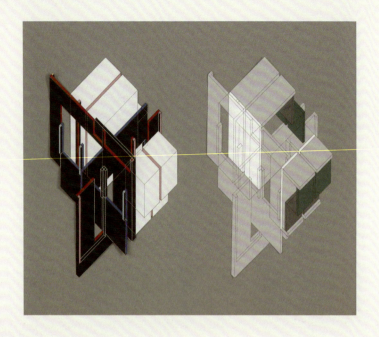

图 9. 埃森曼绘制的住宅解构设计图之一

图 10. 埃森曼绘制的解构主义设计图之二

信先验价值，能指与所指之间没有"一对一的对应关系"，等等。他运用解构哲学在建筑中表现"无""不在""不在的在"等等；在建筑创作中采用"编造""解图""解位""虚构基地"，"编构出比现有基地更多的东西"，"对地的解剖"，"解位是同时在基地上又不在基地上"，等等。

大家知道，詹克斯是后现代主义建筑的鼓手和诠释家，他似乎因此而不看好解构建筑，他抓住埃森曼强调的"无""不在""不在的在"等概念，给自己的文章题名为"解构：'不在'的愉悦"，语含讥讽，行文也有点阴阳怪气。为尊重詹克斯，这里把他的文章的精辟部分译出几段，以免转述之累：

> 过去 20 年中，有一种发展趋向被称为解构或后结构主义建筑。它将现代主义的优越感和抽象性推向极端，并把原来已有的各种处理手法加以夸大张扬。因此，我要继续把它称作是一种"后期的"东西。不过，它倒也含有足够的新的方面，它对现代主义文化的许多假定重新评估，由此，又可以给它冠以"Neo"这个前缀。然而含义究竟是"New"还是"Late"，仍是存在争论。它的重点是连续性还是变异性，也是有争论的；但我们需接受建筑解构运动这个既成事实。反映 60 年代文学中的变化、哲学中的变化，这个运动被埃森曼发展为一种否定性的理论和实践（"非古典""否构图""无中心""反连续性"）（"not-classical""de-composition""de-centring""dis-continuity"）。埃森曼一向为建筑寻找语言学的和哲学的证明。70 年代，他殚精竭虑地利用结构主义和乔姆斯基的转换生成法语言学，然后又不知疲倦地从一种玄学转向另一种玄学。他像是不停不休的尤利西斯（欧洲古代神祇）那样寻求他的"无灵"（non-soul）。他是一个

徘徊不定的现代主义者，在奔向远处的无聊和精神错乱之前，从尼采、弗洛伊德和拉康那儿获得暂时的喘息……但是，建筑学被认为是具有社会基础的建造性的艺术（constructive art），一个专门设计"空虚"和"不在"（emptiness and non-being）的建筑师，或多或少是有点古怪的。

詹克斯谈论埃森曼其人，说埃森曼是一位积极的虚无主义者（Positive Nihilist）：

> 没有任何别的建筑师比埃森曼更固执地信仰怀疑论，再没有谁比他更强调间隙和矛盾（gap and contradiction）的重要。大约在 1978 年，他变成了一个解构主义者，他本人同时也接受精神分析医生的检查。这两件事无疑相互影响，加深了他的怀疑论。部分以他自己的言论为依据，简要回顾一下他的发展历程是有用的，这可以说明当代流行的哲学和理论都对他有非常的吸引力，也能说明为了自己的目的，他是如何有意地"误读"那些哲学与理论，以便在自己的工作中添加他所谓"引导能量"（didactic energy）。埃森曼的建筑、文章和理论，都具有一种激动发狂的能量，它们强力地结合在一起，似乎这样一来，便可造成一次真正的突破，用文字、房屋和模型造出一种新的"非建筑"（a new non-architecture）。令人不解的是，尽管他的剧目中后来增添了诸如 L 形和半掩埋型建筑等几个项目，他的美学却还停留在他的第一个建筑的白色抽象网格那儿。

我们列出了解构建筑旗手自己的言论，又列出了一位重要反对派人士的说法，虽则有限，还是可以窥见提倡者和批判者两方面怎么想的，怎么说的。兼听则明，借此让我们自己客观一些。

建筑中什么可以被解构

哲学属人文科学，是人的精神产品，在这个领域里，对原有的理论及其体系进行怀疑、批判、拒斥，实行拆解、颠倒，后果会怎样呢？从积极方面看，这有助于活跃思想，减少僵化，属于百家争鸣的范围；就消极方面看，无非多出来一些空论、谬论，多一些笔墨官司，顶多把一部分人的思想弄糊涂，但天塌不下来，人民生活不至于有实质性的大损害。

消解、颠倒的做法如果引入建筑以外的艺术部门中去，也没有什么了不起。试想电影倒着放映、小说看不懂、跳舞头着地、雕塑支离破碎，无非令人迷惘或捧腹大笑，都没有大关系，生活还是生活，无伤也。

可是到了物质生产部门和物质生活领域，情况就两样了。肉、蛋、奶的营养价值怎么批判？开汽车的人学解构哲学以后肯对引擎实行消解吗？一把椅子倒过来再坐上去如何？如果医生们听信德里达的话，否认药品的能指与所指的"一对一的对应关系"，胡乱抓药，如何得了！

那么建筑怎样呢？建筑师能否对房屋建筑实行解构呢？这要分析。

一个停留在设计阶段，并不真盖的房子的图样，是怎样都可以的。纸上画画、墙上挂挂，做个模型看看，爱怎么解构怎么解构。

一个真正建造起来的房屋就不同了，像人们常说的，它既有物质属性，又有精神艺术属性。

建筑的物质性方面是不能真正解构的。多种多样的材料就不能颠倒乱用。房屋的结构体系，要遵从物理的、力学的规律，就不能随意拆、解。拉力和压力不能错位，不能解位，不能颠倒，否则人命攸关。

房屋设备也不能拆、不能解、不能变形、不能错位，否则水管漏水、暖气不热、电梯不动怎么办。

最热心解构的建筑师对于房屋中的这些硬碰硬的东西，都不能真正去解构，只能绕着走。

建筑的功能能否解构？这要分着说。有些部分，其功能要求有硬指标，如精密实验室、医院手术室，就不能随意拆解、错位、变形。另一些部分，功能要求有很大的弹性、灵活性。还有一些部分，几乎没有什么硬性要求。一座建筑物通常既有严格要求的部分，又有许多功能要求富有弹性的部分。正因为这样，建筑设计就不同于机械设计，它给建筑设计者留下匠心独运施展本领的极大余地。

正因为这样，同一个建筑设计任务可以做出在满足功能要求方面不相上下的众多的不同的方案，正因为这样，建筑设计具有艺术创造的性质。

一座建筑物中，功能要求严格的部分往往是一个常数，总面积增大常常意味着弹性部分加大，设计起来就更灵活，更易于发挥独创性。拿住宅设计来看，安居工程、小面积住宅的功能要求很严，做好不容易。做 200 平方米的住宅，功能就不再是一个难题，有更多的面积可以让你灵活处理。在一个面积达 300 平方米、500 平方米的住宅中，有更多的余地让你将墙壁"解位"，房间变形，屋顶消解，地面开缝，在房子里做出许多"之间""不存在的存在""对地的解剖""编构出比现有基地更多的东西"，等等。总之，钱愈多，面积体积愈多，建筑师就愈有解构的余地和自由。

物理学、力学的规律不能违反，在这个前提下，多花钱，结构设计也能在一定程度上配合建筑设计者的要求，做出解构的模样和姿态。这不是结构本身的解构，而是形式方面的事，是结构的伪解构。

总而言之，所谓解构建筑，并非把建筑物真正地解掉了。对于一个要正常使用的房屋，建筑设计者不能拆解结构，不能否定设备，不能把最基本最必需的实用功能要求消解掉。倾心解构的建筑师，无论他的解构言论多么深刻多么玄妙，都不敢也不能这样做。简略地说，解构建筑师解的不是房屋结构之"构"，实乃建筑构图之"构"。

解构建筑的形象特征

形式构图决非建筑设计工作的唯一内容，但形式构图确是建筑师的一项重要的"看家本领"。形式构图本身也不能单打一，只管艺术好看，但构图的艺术性或艺术性的构图却有着突出的重要性，有时，在有的项目上还起着关键的作用。我国在一段时期反对重形式轻经济、重艺术轻技术的倾向，影响到我们对建筑艺术做正面、专门的研究。口头上反对重艺术，实际上非常重艺术，是很普遍的现象。

建筑师当然明白建筑形象的重要性。不过奇怪的是，当今一些倡导解构建筑的建筑家，却讳言解构建筑的形象或形式问题，净讲些形而上的玄妙的话。

　　建筑物有形体，建筑艺术是视觉的艺术。无论你有怎样的玄机，都必须而且只能通过建筑中的视觉可见的东西加以表达。判别一个建筑师是否在搞解构，他的解构作品是否高明，都要看它的建筑作品的形象而定，不能以他的话语和文字为凭，我们要观其形而听其言。

　　解构建筑有些什么形式或形象上的特征呢？解构建筑家自己不肯明说，只好由我们代庖，先从人们的印象说起。

　　1988 年纽约展览令观众产生了这样的印象："那些模型都像是在搬运途中被损坏的东西，建筑画画的好像是从空中观看出事火车的残骸。"[1]

　　我自己也有过类似的感想。1988 年，我走过德国斯图加特大学校园里的一座建筑物，被它的奇特形式所吸引（图11）。那所房屋的柱子和墙面划分斜斜歪歪，门窗洞口也好似口歪目斜，龇牙咧嘴，轮廓如刺猬，松松垮垮，一副不修边幅的模样，然而它又是簇新的房子，并非年久失修所致，因此引人注目。打听之下，说是太阳能研究所。心想那副模样大概是由特殊的研究工作需要所致，于是释然，拍几张照片后就走开了。不料后来在解构专著中赫然又见，才知道它也是解构名作，那种模样原来是一种风格的追求。我后悔当时孤陋寡闻，没有对它细细品察。

　　斯图加特太阳能研究所是有代表性的。如果我们把那些比较公认的解构建筑作品集合在一起考察，可以看到它们是有一些共同的形象或形式的特征，归纳起来有以下诸端（图12、图13）：

---

1 *Architecture*, Aug., 1988, p. 28.

图 11. 斯图加特大学太阳能研究所（1987）

　　一是散乱。解构建筑在总体形象上一般都做得支离破碎、疏松零散，边缘上纷纷扬扬，犬牙交错，变化万端。在形状、色彩、比例、尺度、方向的处理上极度自由，超脱建筑学已有的一切程式和秩序，避开古典的建筑轴线和团块状组合。总之，让人找不出头绪。

　　二是残缺。力避完整，不求齐全，有的地方故作残损状、缺落状、破碎状、不了了之状，令人愕然，又耐人寻味。处理得好，令人有缺陷美之感。

　　三是突变。解构建筑中的种种元素和各个部分的连接常常很突然，没有预示，没有过渡，生硬、牵强、风马牛不相及。它们好像是偶然碰巧地撞到一块来了。为什么这样？为什么那样？说不清，道不明。

　　四是动势。大量采用倾倒、扭转、弯曲、波浪形等富有动态的体形，造出失稳、失重，好像即将滑动、滚动、错移、翻

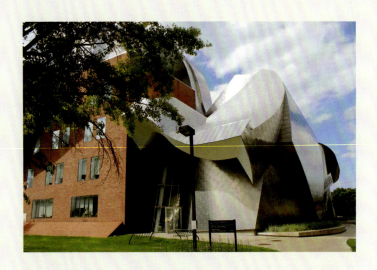

图 12. 盖里：克利夫兰彼得路易斯大楼（2002）（刘珊珊 摄）

图 13. 盖里：布拉格跳舞的房子（1995）（刘珊珊 摄）

倾、坠落，以至似乎要坍塌的不安架势。有的也能令人产生轻盈、活泼、灵巧，以至潇洒、飞升的印象，同古典建筑稳重、端庄、肃立的态势完全相反。

五是奇绝。建筑师在创作中总是努力标新立异，这是正常的。倾心解构的建筑则变本加厉，几乎到了无法无天的地步。不仅不重复别人做过的样式，还极力超越常理、常规、常法以至常情。处理建筑形象如耍杂技、亮绝活，大有形不惊人死不休之气概，务求让人惊诧叫绝，叹为观止。在解构建筑师那里，反常才是正常。

当然，可以举出更多的特征来，但以上 5 点大概是最主要的。不同的建筑师各有侧重，作品不一定五面俱到。埃森曼先生的俄亥俄州立大学艺术中心，是比较全面集中的一个例子，散乱、残缺、突变、动势、奇绝几方面做得都很明显精到，不愧为解构建筑的典型。另外一些作品则各有所长。蓝天组在维也纳一座老建筑物上添加的会议室（Falkestrasse 6 Roof Conversion，Vienna，1983—1988），以动势和奇绝为特色，那堆新房子似乎就要滑落下来。扎哈·哈迪德做的香港山顶俱乐部方案以散乱、动势见称。

解构名家推出解构名作，产生轰动效应，不管谁人赞成和不赞成，必定引起别人效法，借鉴以至模仿，遂成一种风尚。具有特定形式特征的建筑如果多了起来，而那些形式特征在一定时期内又保持相对稳定，那就成为一种风行的建筑样式，即建筑艺术中的一种风格（Architectural Style）。

解构建筑名家现在讨厌人家说解构是一种形式和风格，据我看，解构建筑如果成为一种风行的样式，名家扬名四海，功成名就，心底大概还是高兴的。

广义解构建筑

某个建筑是不是解构建筑，某个人算不算解构派，这两个问题常常引出歧见。这是由于解构这个词进入建筑领域时间很短。人们使用它的时候，认识很不一致。就是说在人们的心目中，该词的内涵深浅不一，它的外延也宽窄不同。

埃森曼以读未读过德里达哲学著作作为划分解构派建筑师的依据，这样有资格入围的建筑师就少之又少，只有他本人和"没准儿"屈米两位算是正宗。

解构主义在哲学领域是一个思想理论学派，在作为视觉艺术门类之一的建筑领域只能是一种风格流派。埃森曼说："我觉得解构的问题是它变成一种风格了。"这表明他已接受解构建筑成为风格这个事实，只是表示不高兴而已。

解构风格在不同的解构作品中有程度之差别。有的解味十足，有的只是沾点边而已。军队有"准尉"，地理上有"准平原"，《现代汉语词典》解释"准"字的一种含义是："程度上虽不完全够，但可以作为某类事物看待的"。准此，也有"准解构建筑"。

古往今来，无论哪一种建筑风格，老牌、正宗、嫡传者并不多。只要时间稍久，地点不同，就会出现不太纯正的"准XX风格"的建筑。解构建筑自然也是这样。

说到人，能稳戴解构建筑师桂冠者也不会多，多数也是准字辈。也有的人一会儿是，一会儿不是；同一个人，同一时期推出的几个作品，可能有的是解构，有的不是。就是说，专职解构者少，兼任者多；道行深者少，"半吊子"多；专心致志者少，三心二意者多。总之，建筑师是活人，岂能把他们看定看死！

这里，对解构建筑和解构建筑师的看法比埃森曼先生宽泛，边界模糊，可谓广义解构。

建筑构图原理恐怕要重写

解构建筑的种种形象特征表明，在后现代主义时兴了一阵以后，西方建筑界又涌出新的离经叛道式人物。

在20世纪，离经叛道早已不是什么新鲜事。从传统的角度看，现代主义建筑就是激烈地离经叛道、超越旧规的建筑。20世纪中后期，出来一种后现代主义浪潮，向传统建筑做了少许的回归（全盘回归是不可能的），削减了当初那种与传统决绝的锐气。现在的解构建筑，好似否定之否定，又从某一角度再创离经叛道的新局面。它不是简单地回到现代主义的轨道上去，而是带有新的特色。在许多方面它既离开老的传统，也超越了正统现代主义的许多规则。

它怎样超越现代主义的呢？

我们想拿一本书做一个具体例证，来看看当今的解构建筑走得有多远。托伯特·哈姆林编著的《20世纪建筑的功能与形式》的第二卷《构图原理》[1]，内容讲的是20世纪前期的建筑。作者经过现代主义建筑思潮的陶冶，对密斯·凡·德·罗、

---

1 *Forms and Functions of Twentieth Century*, VOL. Ⅱ, *The Principles of Composition*, Edited by Talbot Hamlin, Columbia University Press, New York, 1952, 即中国建筑工业出版社1982年出版的《建筑形式美的原则》，邹德侬译，沈玉麟校。

勒·柯布西耶、赖特等人有许多赞赏性的分析评论，他的观点并非老古板那一套。此外，作者是研究人员，不是建筑师，未与某派某家有特殊联系而影响他的看法的公允性。该书的出版者是严肃的学术单位，并非坊间随便刊行的书籍。还有，哈姆林这部书原有四大卷，是通盘研究建筑学的巨著，不能说它是片面强调艺术的著作。

但是，我们把解构建筑的形式特征、处理手法，同哈姆林书中的一些观点和原则相比较，就可以看出当今的解构建筑师所处的位置。哈姆林指出：

假若一件艺术作品，整体上杂乱无章，局部里支离破碎，互相冲突，那就根本算不上什么艺术作品。（第 16 页）

在已经建成的建筑物中，最常犯的通病就是缺乏统一。这有两个主要的原因：一是次要部位对于主要部位缺少适当的从属关系；再是建筑物的个别部分缺乏形状上的协调。（第 31 页）

建筑师们总想完成比较复杂的构图，但差不多老是事倍功半……很明显，要是涉及超过五段的构图，人们的想象力是穷于应付的。（第 40 页）

建筑师的职责是始终让他的创作保持尽量的简洁与宁静……人为地把外观搞得错综复杂，结果适得其反，所产生的效果恰恰是平淡的混乱。（第 49 页）

在建筑中，虚假的尺度不但是乖张的广告性标记，而且对良好的风度总是一种亵渎。这样的做法，俗不可耐，令人作呕。（第 79 页）

巴洛克设计师有时喜欢卖弄噱头，有意使人们惊讶和刺激的……可是对我们来说，这些卖弄噱头的做法，压根儿就格格不

入，而且其总效果压抑、不舒服。（第 92 页）

　　不规则布局的作者追求出其不意的戏剧式的效果……然而他却常常忘掉的是，使人意外的惊讶会使人受到冲击、干扰和不愉快，并不会使人振奋而欣喜……在某些出其不意的处理中，所谓的愉快根就令人泄气，一旦观者怀疑某一建筑要素的地位及其合理性，就不可能形成惊喜的快感。（第 142 页）

　　一个完全没有任何准备的出其不意的场面，对观者来说也许是一种料想不到的冲击。况且，如果这个高潮的视觉特性与建筑物其余的部位风马牛不相及，结果就不仅是一种冲击了，那简直是一种讨厌，只能产生支离和紊乱的感觉。（第 163 页）

从一种角度来看，哈姆林书中的这些文字无疑是正确的经验总结，是谆谆忠告。但是，从今天解构建筑的角度来看，这不行，那不行，都成了禁忌和戒条。今天世界上还有许多人，赞同哈姆林的说法，照他的忠告做建筑设计，并且取得了良好的成果，有的还是非常成功的作品。美国建筑师 F. 琼斯（Fay Jones）于 1980 年完成的一座小教堂——阿肯色州山区的索恩克朗小教堂（Thorncrown Chapel，Eureka Springs）（图 14、图 15）就是一个例子。这个小小的木造教堂频频得奖，琼斯本人后来还获得美国建筑师学会的最高荣誉金奖。这个小教堂的建筑处理完全符合哈姆林书中的构图原理及所有忠告。

　　琼斯在 50 年代初跟从美国建筑大师赖特，他已是老一辈的人物。后来的年轻一辈的建筑师就不那么安分了。其实，文丘里在 1966 年出版的《建筑的复杂性与矛盾性》中就已经提出与哈姆林相左的许多建筑构图观点。今天的解构主义者的建筑作品，如前面所述，实在是同哈姆林的上述观点对着干。我

图 14. 索恩克朗小教堂外景

图 15. 索恩克朗小教堂室内

们拿日本建筑师矶崎新的近作，美国佛罗里达州奥兰多的迪斯尼集团办公楼（Team Disney Building，Orlando，Florida，1991）（图16）的构图来看吧，它似乎与上述哈姆林的每一条都对不上号，而且是反其道而行之。

20世纪前期现代主义冲破千百年来积聚的建筑艺术准则，提出了新的准则。20世纪中期，后现代主义建筑对早先的现代主义建筑提出修正案。现在解构主义建筑再一次揭竿而起，对一切原先的东西都不买账。埃森曼对张永和说："我认为今天再用古典建筑语言就是再用一种脱离现实的死语言……解构的基本概念在于不相信先验的真理，不相信形而上的起源。认为不存在有条件的、先验的好坏标准。"

不相信先验的真理！不存在先验的好坏标准！当今的解构建筑代表人物否定原有的标准，气概非凡。

会反出什么结果来呢？现在还说不准，但是有一条，宏观

图16.　美国佛罗里达州奥兰多的迪斯尼集团办公楼

地看，建筑艺术构图中的反就是变法。一位美国老辈建筑家来我国讲学，讲到基因，基因是管遗传的，作用是维持旧性状，而变法则是推陈出新。建筑艺术和别的艺术门类一样，需要推陈出新。老是"法先王"，坚持"祖宗之制不可更改"，既没有意思，也没有可能。

现在的建筑学堂里，除了研究生写论文，阅读哈姆林的书的人已经不多了。更早出版的构图原理书几乎无人问津。有什么办法呢，学生们认为，读哈姆林的书对他们今天的建筑设计启发不大，而且读了以后，还可能束缚他们的畅想。学生们现在急于想知道如何运用交叉、折叠、扭转、错位、撞接等手法，想学会如何搞出复杂性、不定性、矛盾性、变幻层生、活泼恣肆的建筑艺术效果。原先出版的构图原理，不讲这些，反而将它们划入禁区，定为禁忌。后生们怎能信服呢！

看来，建筑构图原理恐怕需要重写了，至少也得予以补充和修订。

解构派与构成派

讨论解构建筑，不能不谈到它与 70 年前俄国构成派的关系问题。

张永和问埃森曼："构成主义和解构有什么关系？"埃森曼先生先是很干脆地说："我觉得一点关系也没有。"但接下来又说："毫无疑问扎哈·哈迪德、雷姆·库哈斯很受构成主义的影响。"埃森曼在回答中把自己摘开以后，承认别的解构派人士受到构成派影响。

一般人都认为两者有关系。问题是什么样的关系。一位记者看了纽约 7 人展后，说构成派是解构派的"爷爷"。譬喻生动，但不很明白。

构成派与解构派的联系不在解构哲学。俄国构成派活跃的时候，德里达是个 10 岁左右的儿童，待他长大又提出解构哲学的时候，构成派已无影无踪。两方面没碰头。

两派之间有别的什么共同的思想基础吗？埃森曼说："构成主义是表现生产方式的造型构思，即反映工人生产产品的事实。"埃森曼自己和构成派"一点关系也没有"，当然与这种思想无关。那么能说哈迪德与库哈斯有这种"反映工人"的思想，并且以之作为创作目的吗？不像。

我认为前后相差 70 年，处在两种不同的社会制度下的解构派与构成派之间的联系，主要是在形式或形象方面的类似性。

20 年代，俄国构成派的画家、雕刻家挣脱正统主流的造型规范，搞出不规则、不严整、无拘无束、极富动感的视觉艺术形象。在艺术家的启发下，一些建筑师也搞出了类似的建筑形象——画在纸上和做成模型——具有疏松离散、轻灵矫健、自由奔放、举重若轻的特征。俄国构成派建筑师也有自己的榜样，那就是稍稍走在前面一点的意大利未来派艺术和建筑方案。著名诗人马雅可夫斯基的诗作曾受未来派诗人的很多影响。未来派建筑师圣伊利亚创作的建筑画，对构成派建筑画产生影响是很自然的。

社会制度、政治思想有鲜明的阶级性，建筑形象和风格则有很大的独立性，能够超越社会政治的差异和对立，超越时间和空间，传播开来。意大利法西斯政权、俄国社会主义革命、现今的西方资本主义，都没有阻碍建筑师在艺术形式和形象上的互相借鉴，这一点在未来派建筑、构成派建筑和解构派建筑的明显相似中得到证明。

建筑形象和风格也能超越哲学思想的差异和对立，埃森曼本人前不久是以奉行结构主义哲学相标榜的。后来解构主义哲学出现，他改换了旗帜，但是他前后的建筑创作没有也不可能清楚地反映解构主义和结构主义两种对立的哲学观点的差异。

哲学是道，建筑是器，道与器有关系，但那关系曲折、微妙、隐晦。语云"道不同不相为谋"。可是，道不同的人，在建筑形式问题上有时倒是可以相谋的，要不然，罗马皇帝、文艺复兴时代的教皇、19世纪的美国总统、社会主义苏联的斯大林，以至法西斯头子希特勒，怎么会都喜欢采用古典柱式呢！

西方解构建筑与70年前的俄国构成派在形式上有相通之处，是可以理解的。重要的是，当今的解构派并不是20年代构成派的翻版，解构建筑有自己的时代特点和新发展、新贡献。

中国书法与解构建筑

埃森曼对张永和说："解构是很东方的东西，东方人应没有困难理解我的想法，如解位和编构基地……但对西方人来说是非常难懂。"对于埃森曼的许多说法，我像西方人一样，也难懂。

然而，我想将中国的书法艺术同解构建筑做一点比较。中国的书法与现在西方的解构建筑当然没有直接联系，可是中国书法理论，特别是草体书法的理论，有助于我们解释解构建筑的审美价值和美学意义。

汉字形体在历史上经过很多变化。甲骨文、金文、战国文、小篆属古文字，隶书、草书、楷书、行书称今文字。古文字由线条组成，粗细变化不大，在发展过程中，字形有时趋繁，有时趋简，但总的说字形都是繁杂的。由小篆到隶书，字形大为简化。行书又进一步"省便"，草书是"解散楷体"，很多字写起来同楷书差别很大，书写方便，便于急就。楷书仍然结构严整，体式方正，草书则龙飞凤舞，灵活多变。将古今各体汉字加以比较，可以说存在一个解构过程，从今天的眼光看，草体书法简直可以称之为解构书法（图17）。

中国书法是实用的东西，又能带上艺术性，很早的时候中国就讲究书法艺术，形成有独特表现力和魅力的艺术门类。本国人不要说，连外国人也会为之倾倒，毕加索说，他如果是一个中国人，那他一定不是画家而是一个书法家。我认识一位德国教授，专门研究中国书法艺术，是世界知名的米芾书法专家，

图17. 中国书法的演变显现一种解构的趋向

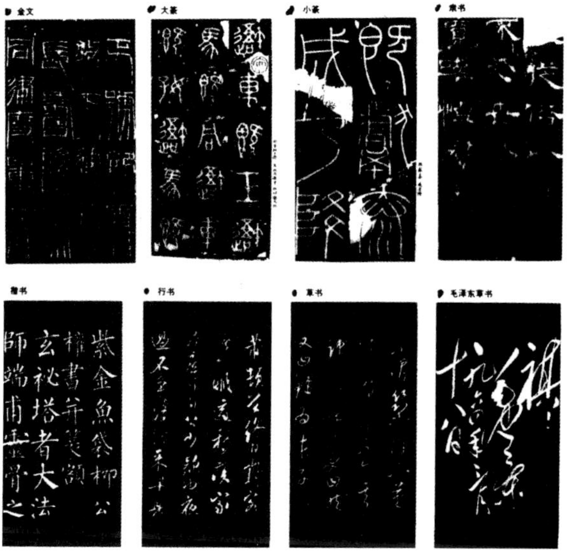

他的一位博士生女弟子，又以怀素书法为博士论文题目。

中国草书作为文字交流工具，实际作用不很大，因为字的变形大，一般人不易辨认。但结体用笔非常自由，书者能表现出自己的情趣个性，写出飘逸奔放、变幻万千的书法作品，因而是更高层次的书法艺术。

中国历代书家留下大量的书法理论，对于分析解构建筑的审美价值具有借鉴意义，试举以下一些书法理论作为例证。

中国书法讲究势。势可以理解为动态的形，它表现的是力之美和运动之美。草书书法中的势有超常的发挥。汉代崔瑗《草势》指述草书之势说：

> 抑左扬右，兀若竦崎；兽跂鸟跱，志在飞移；狡兔暴骇，将奔未驰。

这是说草书表现动静转换刹那间的态势，能唤起观赏者延伸性想象，引起人的特定心境和情感。

隶书、楷书字体完整，草书常有略笔，造成字形残缺，这给观者留下心理完形的余地。唐代书法家张旭强调缺损的重要作用。颜真卿曾向张旭请教，张问颜："损为有余，子知之乎？"颜真卿回答："岂不谓趣长笔短，常使意势有余，画若不足之谓乎！"（见唐代韦续《墨薮》），"损为有余"在中国早就被当作艺术创作的一条原则了。

书法艺术中有多种多样的势。唐代张怀瓘著《书断》强调"异势"的重要。他讲 11 类笔画组合中可做各种变通势态，有"烈火异势""散水异法""策变异势""啄展异势""倚戈异势""垂针异势"等等。他举王羲之写《兰亭序》中 20 多个

"之"字，"变转悉异，遂无同者"。张怀瓘总结："不求变异，则涉凡浅"。

中国书法理论中说明行笔势态的动词非常多，有平、揭、蹲、卧、顿、挫、出、从、顾、坠、下、压、发、走、仰、收、偃、拳、流、滑、覆、折、斫、蹙、按、进、卷、曲等[1]。当今建筑师爱用 twisting、shifting、folding、cutting、subtracting、expanding、inserting、adjoining、overlapping 等，这同中国书法所言有许多相通之处。

张怀瓘讲字的构图"偃仰向背""鳞羽参差""发迹多端，触变成态""分锋各让，合势交侵"，都是"虽相克而相生，亦相反而相成"，造成富有动态的形象。盖里设计的德国莱茵河畔魏尔市某家具厂陈列室（Vitra International Furniture Manufacturing Facility & Design Museum，Weil am Rhine，Germany）同这种书法艺术的描述有某种类似之处。

隋代和尚智果《心成颂》中说，"回展右肩，长舒左足""峻拔一角""潜虚半腹""间开间合""隔仰隔覆""回互留放""变换垂缩""以侧映斜，以斜附曲""分若抵背，合若对目"，这些构图原则不是也见之于埃森曼的俄亥俄州立大学艺术中心的造型中吗！

唐代孙过庭《书谱》讲草书的形象时，说有"观夫悬针垂露之异，奔雷坠石之奇，鸿飞兽骇之姿，鸾舞蛇惊之态，绝岸颓峰之势，临危据槁之形"，这些话无法移用在林肯纪念堂的形象上，也不能拿来描绘纽约世界贸易中心，但用来形容扎

---

1 涂光社，《势与中国艺术》，中国人民大学出版社，1990，第 76 页。

哈·哈迪德的香港山顶俱乐部方案则是恰当的。"绝岸颓峰之势""奔雷坠石之奇",正是哈迪德方案之特色。

中国草书艺术与西方解构建筑,固然是两种非常不同的事物,但是从视觉艺术的角度看,两者之间存在着异质同构的方面。中西医学的交流互补受到广泛重视,借鉴中国书法理论,探讨建筑艺术的发展,也值得去做。

古典力学——混沌——解构建筑

解构建筑在今日显山露水,有其时代的、社会的条件及思想的、观念的基础。

有一点是前提条件,就是要有较多的闲钱。写草体或写楷书,没有钱的差别。"颠张醉素"(张旭与怀素),说饮酒大醉后能写出草书神品,只不过多费一点酒资,算不了什么。解构建筑则不然,它比盖老实样子的房子贵多了。香港汇丰银行那种高技派风格都贵得厉害,何况解构!时至今日,我们中国的大学校长即使倾心解构,靠自己的预算决盖不出俄亥俄州立大学那种带大量空架子的艺术中心。搞解构多花钱,有闲钱才能搞解构,这是确定无疑的。

再一条是宽松的政治环境。当年俄国青年在艺术学堂试验构成美术,列宁抽空去看了,温和地泼了他们一盆冷水。后来斯大林掌国,构成派诸君子就难以存活,遂消散了。墨索里尼先提携未来派,后来反目,未来派也消失了。纳粹德国更不用提了,希特勒一上台,包豪斯诸先生只好流亡异邦。现在的欧美,只要业主接受你的方案,又肯供钱,那你就去盖吧。然而解构建筑数量仍不甚多,因为业主并非个个大有余钱。

这些都是浅显的事实。在浅层原因之后，我觉得还有深层的原因。

现在，解构这个名字已经被炒热了，事实上被称为解构建筑的作品还有另外一些名称。大家知道，曾有非建筑（Non-architecture）、否建筑（De-architecture）、反建筑（Antiarchitecture）等美名，还有诸如破碎派（Fragmentalism）、搅乱的房子（Subverted builiding）、离散（Detachment）、扰乱的完美（Violated perfection）等雅号。这些名称或形容词，其实更能道出解构建筑的主要特征。

散乱、搅乱、扰乱、破碎、离散等等，可用一个字，即"乱"来总括。乱字上了建筑，乱字成了建筑艺术，乱字成了建筑审美范畴，这是 20 世纪以前难以想象的事情。

我想，这是乱字深入人心的结果。你看世界是这样的乱，本来以为一直向前的东西竟然反其道而行了；社会是这样的乱，没有一天不发生事故；人生未来也充满不定性，谁能说得明确呢。不但人世间如此，而且自然界竟也很不规范、很不确定。

300 年前，牛顿发表《自然哲学的数学原理》，发现万有引力和力学三大定律，把天体运动和地球上的物体运动统一起来。很长时期内，人们以为牛顿弄明白了自然界的规律。

20 世纪初，爱因斯坦提出相对论，普朗克、玻尔等人发展量子力学，牛顿力学就被突破了。接着一段时间，人们认为牛顿力学、相对论力学和量子力学分管不同层次的运动，3 种力学合起来可以圆满地说明问题。宇宙似乎还是清楚明确、井然有序的。但是科学的新进展却改变了人的认识。原来力学给出的确定的、可逆的世界图景，是极为罕见的例外。世界是由多种要素、种种联系和复杂的相互作用构成的网络，有着不确定性和不可逆性。

1963 年美国科学家洛伦兹提出，人对天气从原则上讲不可能做出精确的预报。3 个以上的参数相互作用，就可能出现传统力学无法解决、错综复杂、杂乱无章的混沌状态。事实上，液体在管子中的流动、河流的污染、袅袅的烟气、飞泻的瀑布、翻滚的波涛，都是瞬息万变，极不规则，极不稳定的景象。一位科学家说他观察到的是"犬牙交错，缠结纷乱，劈裂破碎，扭曲断裂的图像"。混沌学出现了。有人说"混沌无处不在"，"条条道路通混沌"。许多科学家转向混沌学的研究，70 年代到 80 年代发表了不下 5000 篇研究论文、近百部专著和文集。越来越多的人认为，混沌学是"相对论和量子力学问世以来，对人类整个知识体系的又一次巨大冲击"[1]。

混沌学（Chaos）表明，"我们的世界是一个有序与无序伴生、确定性和随机性统一、简单与复杂一致的世界。因此，以往那种单纯追求有序、精确、简单的观点是不全面的。牛顿给我们描述的世界是一个简单的机械的量的世界，而我们真正面临的却是一个复杂纷纭的质的世界"[2]。

中国古人对宇宙的混沌早有感知，这对中国人的世界观、宇宙观和艺术观都有影响。而在西方，是最新的科学知识改变了他们的观念。在科学家把混沌作为科学研究对象之前，艺术家已经先期感受到宇宙之混沌，并将它们表现在艺术创作中。

在 20 世纪的建筑家中，除了俄国构成派人士外，西班牙的高迪是在建筑作品中表现混沌的先行者。勒·柯布西耶于

---

1 詹姆斯·格莱克，《混沌：开创新科学》，上海译文出版社，1990，第 2 页，校者前言。
2 沈小峰、王德胜，《从牛顿力学到混沌理论》，《光明日报》，1987 年 12 月 14 日。

图 18.　"组合艺术"一例（瑞士雕塑家 J. Tinguely 作品，1984）

50 年代中期创作的朗香教堂，是 20 世纪中期体现混沌的一个最重要的建筑作品。

再往后，越来越多的人转变了审美观念，他们认同并欣赏混沌——乱的形象（图 18）。建筑师渐渐感到简单、明确、纯净的建筑形象失去了原先的吸引力。公众中许多人爱上了不规则、不完整、不明确，带有某种程度的纷乱无序的建筑形体。艺术消费引导艺术生产，许多建筑师朝这个方向探索试验。在这个微妙而不易觉察的社会思想意识的演变中，解构风格慢慢地、怯生生地露出来，然后慢慢地传开。

一定的审美范畴是人类认识世界的一定阶段的产物。对世界的认识不断深化，审美范畴也因之扩展。充裕的财力是解构建筑的物质基础，宽松的政治环境是解构建筑得以出现的关键，20 世纪后期公众宇宙观、世界观、人生观和审美观的新变化，是解构建筑风格抛头露面并在一定范围内传布的深层的思想意识基础。

说到这里，有一个问题要提出来，即建筑形象是否从此都会走向杂、乱、破、险这一个方向呢？我想不会的，不会都走到一条道上，历来都是多元化、多样化。另一个问题是，搞解构是否就是越杂、越乱、越破、越险就越好呢？也不是的，这个问题实际是解构建筑在艺术上有无好坏标准问题。埃森曼对张永和说："解构的基本观念，认为不存在有条件的、先验的好坏标准。"詹克斯记述埃森曼还说过这样的话："注意一下形式范畴的破坏，（我的）作品表明压根儿就没有好的或美的那样的东西。"[1]但是这种论点切不可轻信。譬如草体书法也存在着好坏高下之别，并不是越草越乱就越高妙，乱中还得有功力，有章法，草书作品有神品，也有野狐禅。

这里不能详细讨论解构建筑的好坏标准，只是想说，并非如埃森曼所讲的不存在好坏美丑。相反，即使在解构作品中，艺术上仍有美的、不太美的、丑的、非常丑的差别，并非随便一个人拿过来都能做好的。世界是有序与无序伴生、混沌中有混沌序。倾心解构的青年同学需明察。

---

1 Charles Jencks，*Deconstruction: the Pleasures of Absence*，A.D.，NO.3/4，1988，p.28.

结论

兹将上面各节之要旨归纳如下：

1. 当前解构建筑云合雾集，云雾消去之后，人们将看到解构建筑就是一种建筑艺术形象的风格，可称为解构风格。其形象特征包括散乱、残缺、突变、动势及奇绝诸端。

2. 建筑审美范畴不断扩展，原先不大显著及不能登大雅之堂的散乱、残缺之类的审美范畴，现在出现在一些比较重要的建筑物之中，成为当今各种引人注目的建筑审美风尚之一端，遂成显学。

3. "解构建筑"是该种建筑作品的流行称号，因为与轰动一时的德里达哲学联名而响亮。其实，还有其他的名称更明白易懂而少误导之嫌，不过约定俗成，且这样称呼。

4. 从来没有 也不会有一种建筑风格，是由于一位哲学家的一种哲学思想而诞生。没有德里达，也会有该种建筑风格。它的胚胎和萌芽早就有过，并非现在突然从一位哲学家、两位建筑师的头脑里突现。

5. 然而，解构建筑与德里达解构哲学宏观上也有相通之处，即两者都是强烈地反对和超越西方传统的主流文化，一个是在思想领域中反原先的思想理论，另一个是在建筑艺术领域内反原来的建筑风格。解构哲学与解构建筑一个是道，一个是器，存在着质的差异，不可能在微观上一一对应。

6. 有富裕的财力物力，才能搞解构风格，这是前提，也是搞一切非朴素风格的建筑的前提。

7. 正宗纯正的解构建筑总是少数，受了沾染、有所浸润、有那么点意思的准解构建筑是多数。

8. 解构建筑与后现代主义建筑一样，主要是建筑模样上的功夫。同 20 世纪前期现代主义建筑运动反映全面的根本的变革相比，意义大不相同。

9. 解构建筑也有独特的审美价值，从形式上看，可以找到与中国草体书法艺术相通之处，两者同为视觉艺术，有异质同构或异曲同工的情形。

10. 然而解构建筑要做得好、做得成功也要有功力，有章法，有素养，决非随便一个人随便一搞都成佳作。

11. 人类对世界的认识深化一步，表现在混沌之学正在升起。混沌学从艺术感受层面切入建筑，今后还可能从其他方面影响建筑创作和设计。

12. 解构建筑作为一种风格，不可能在建筑园地独占鳌头，也不会决然消逝，至少可能融入别的样式。

（原载于《论现代西方建筑》，中国建筑工业出版社，1997）

弗兰克·盖里的创作路径

20世纪70年代之后，有一位美国建筑师不断收到世界各地博物馆馆长、大学校长、企业巨头的邀请，请他设计建筑。大学和学会纷纷请他讲演，到处都有人请他签名。不过只有少数的人和机构能如愿以偿，因为他忙不过来。人们说，他是赖特之后，在美国被人谈论最多的一位建筑师。有位评论家说："他的作品是当今最激动人心的、最新颖的和最具创造性的建筑作品。"

赖特当年架子大，爱训人。而现今这位大师虽然红得发紫，却没有架子，不自高自大，不高谈阔论，不事张扬，还有点不修边幅。有记者说他透着祖父般的慈祥，他说自己是个随和的人。

此人是美国建筑师弗兰克·盖里（Frank Gehry, 1929—　）。盖里于1954年大学毕业，后在哈佛大学读研究生，1961年起自己开业。在20世纪60年代和70年代前期，他的建筑作品与一般建筑师的没有显著的差别，他也没有什么名声。70年代后期他渐渐令人注目，特别是 1978 年他把自己的住房加工改造之后，更是引起了广泛的注意。盖里说，那座改造扩建的自用住宅是他事业上的一个转折点。为什么呢？

盖里的自宅位于加利福尼亚州圣莫尼卡，原本是一幢普通的传统荷兰式两层小住宅，木结构，坡屋顶，位于居住区里两条路的转角处。盖里改造时大体保留原有房屋，而在东、西、北三面加建单层披屋（图 1）。东面加一窄条，作为进宅的前门厅；西面也加一窄条作为通向后院的过厅；北面临街的一边扩充最多，其中包括餐厅、厨房和日常进食的空间（图 2）。三面扩建的面积不过 74 平方米。用的材料都是极其普通而便宜的，不过是瓦楞铁板、铁丝网、木条、粗糙的木夹板、铁丝网玻璃等。与众不同之处是这些很粗糙的原材料全都裸露在外，不加处理，没有掩饰。而且添建的部分形状极不规整，横七竖八，斜伸旁出，极为偶然，没有正形。普通的厨房天窗都突出屋顶，而盖里的厨房天窗是从屋顶下沉，悬在厨房半空。这下沉的天窗用木条和玻璃做成，很像是一个木条钉的方框从天上坠下，把屋顶砸出一个洞，木框卡在那个地方，装上玻璃成了厨房的天窗。添建的部分没有天花板，木骨裸露。不但如此，盖里把老房子原有的天花吊顶也拆掉，有些墙面，如卧室的一处墙面打掉抹灰层，有意让木板条袒露在外。整个添建的部分同保留的老房子不论在用料、体形，还是风格和理念趣味上相差极大，几乎不可同日而语。

盖里说改建自己的住宅，用料、造型、预算、工期一切由自己掌握，全按自己的理念和意趣来做，可以自由地"研究和发展"。

20 世纪 70 年代后期，盖里的理念和意趣是怎样的呢？他

图 1. 盖里加州自宅

图 2. 盖里自宅厨房
及餐厅

研究和发展什么呢？

盖里讲述他在 70 年代的追求时说："我对施工将完而未完的建筑物产生了兴趣。我喜欢那种未完成的模样……我喜爱那草图式的情调，那种暂时的、凌乱的样子和进行中的情景，不喜欢那种自以为什么都得到最终解决的样子。"他又说："我一直在寻找自己个人的语汇。我寻找的范围很广，从儿童的想入非非、不和谐的形式到看来不合逻辑的体系，对这些我都着迷。我对秩序和功能产生怀疑。""如果你按赋格曲的秩序感、结构的完善性和正统的美学观来看我的作品，你就会觉得完全混乱。"

事情真是这样。他的住宅完工后，那个街区的居民认为盖里把他的垃圾放到街上了，与盖里合作的房地产公司也吓着了。盖里回忆说："罗斯公司的家伙看了我的住宅吓跑了，他们说'如果你喜欢这样的东西，你就别干我们的活儿'。在某种意义上，他们是有道理的。当时我就得重新干起，真的从头干起。5 年中，我重起炉灶，重建业务。经济上非常困难，然而我感到满足。"

盖里的困难是暂时的。虽然很多人不欣赏他的杂乱的住宅，但是，很奇怪，竟然也有人欣赏他的那种又杂又乱的建筑风格，而且这种人越来越多。从自用住宅往后，他的建筑作品也都具有这种特点，并且不断发展，变本加厉（图 3）。有人说"那所住宅造就了盖里"。

德国魏尔市维特拉家具厂的家具陈列馆（1987）（图 4、图 5）是一个较小的例子，明尼苏达大学魏斯曼美术馆（1993）（图 6、图 7）体量较大。这两个建筑的形体都仿佛是由许多奇形怪状的块体偶然地堆积和拼凑而成，有的体块的表面是不锈

图3. 盖里设计的加州某住宅（1983）

钢的。轮廓凸出凹入，高低不一，歪歪扭扭，从建筑外部看去，与任何先前的建筑全不一样，而成为一个复杂奇特、难以名状、富有动感的巨型抽象雕塑。

明尼苏达大学邀请盖里做设计时，就是看中他能把房屋做得奇奇怪怪。盖里为加州大学艾尔文分校也设计了一个类似的建筑（图8）。有人说那是"校园中最丑陋的建筑"。校长的回答是："我并不一定要人喜欢它，但它能吸引人来校参观。"副校长说："这座建筑对我们学校有积极作用，我们现在需要与众不同的建筑……要令人醒目提神。盖里的这类建筑形象十分新奇，非常陌生，对观者有视觉冲击力，有刺激性，因而能引来社会大众的关注。"这就解释了为什么那么多博物馆长、美术馆长、大学校长、企业巨头们垂青盖里。

很多人原先不知道西班牙北部海港城市毕尔巴鄂（Bilbao）

图 4. 维特拉家具厂的家具陈列馆入口

图 5. 维特拉家具厂的家具陈列馆东立面

图 6.　明尼苏达大学魏斯曼美术馆

图 7.　明尼苏达大学魏斯曼美术馆局部

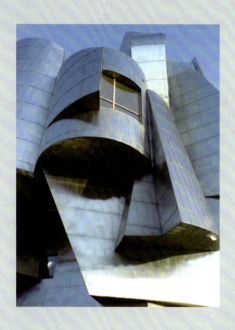

的名字，但是自 1997 年 10 月那里的一座新建筑落成后，这个城市的名字在世界上广为传播。就像当年悉尼歌剧院使悉尼在世界上出名一样，那个新建筑也使毕尔巴鄂变得知名起来。

新建筑是古根海姆博物馆（图 9），与纽约古根海姆博物馆属同一系统，它是盖里的又一名作。

这个博物馆建筑面积为 2.4 万平方米，位于河岸上（图 10）。它的下部比较规整，有石质墙面，可是上面的主体则异常复杂、歪扭，复杂到没法用语言描述的地步；歪扭得好似一个大怪物（图 11）。而且，与先前常见的建筑物不同，它那复杂歪扭的外表面全是用钛金属做的，钛表面总面积 2.8 万平方米。这个博物馆像是从天外来的披着银光熠熠铠甲的怪物（图 12）。

造型极度不规则，内部结构自然非常复杂，工程师说它内部用的钢构件没有两件长度是相同的。建造这样的房子要用造大轮船的技术，而其造型的复杂又超过轮船。这样的建筑物的设计图没法用手绘制，全靠电脑。实际上，没有电脑的时代出现不了这样的建筑形象。

工程高度复杂，建筑师常常被叫到工地去。有一次盖里在施工现场发出感叹："我看到在 30 米高的空中，建筑的曲线同我的设计准确地吻合，我惊住了。用电脑设计建筑是有生命力的作品，纯净利落，表达出我的构思的力度。"

盖里不断推出新作品，重要的有洛杉矶迪斯尼音乐厅、西雅图体验音乐中心、纽约新古根海姆博物馆、麻省理工学院某中心等。它们都具有类似的造型特征。

盖里的建筑造型包括我们前面讲过的解构建筑的特征，即散乱、残缺、突变、动势、奇绝，但又有他明显的个人特点：

图 8.　加州大学艾尔文分校工学院

图 9.　西班牙毕尔巴鄂古根海姆博物馆模型（1991—1997）

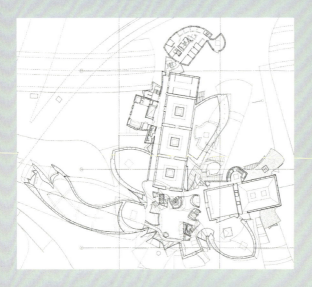

图 10. 古根海姆博物馆平面

图 11. 古根海姆博物馆

图 12.　古根海姆博物馆入口

他惯于将大小不一的、卷曲的块体，成堆成簇杂乱地聚集在一起，整个形体具有强劲的、飞扬飘动的、波浪似的超常动势（图 13）。

盖里为什么把建筑物设计成这种样子？他本人是怎么想的？

1976 年，盖里说："不存在规律，无所谓对，也无所谓错。什么是丑，什么是美，我搞不清楚。"他主张建筑师从"文化的包袱下解脱出来"，倡导"无规律的建筑"。

1979 年，关于房子及业主，他说："我对业主的要求也有兴趣，但它不是我为他创建房屋的基本驱动力。我把每一幢房子都当作雕塑品，当作一个空的容器，当作有空气和光线的空

图 13. 盖里设计的瑞士某家具公司总部（1994）

间来对待，对周围环境、感觉与精神做出适宜的反应。做好以后，业主把他的行李家什和各种需求带进这个容器和雕塑品中来，他与这个容器相互调适，以满足他的需要。如果业主做不到这点，我便算失败。"

1986年，盖里在一次谈话中说："事物在变化，变化带来差别进步。不论好坏，世界是一个发展的过程，我们同世界不可分，也处在发展过程之中。有人不喜欢发展，而我喜欢。我走在前面。""有人说我的作品是紊乱的嬉戏，太不严肃，但时间将表明是不是这样。""我从大街上获得灵感。我不是罗马学者，我是街头战士。"盖里提倡对现有的东西采取怀疑的态度，"应质疑你所知道的东西，我就是这样做的。质疑自己，质疑现时代，这种观念多多少少体现在我的作品中。"

"我们正处在这样的文化之中，它由快餐、广告、用过就扔、赶飞机、叫出租车等等组成一片狂乱。所以我认为我的关于建筑的想法可能比创造完满整齐的建筑更能表达我们的文化。另一方面，正因为到处混乱，人们可能更需要能令他们放松的东西，少一些严肃压力，多一些潇洒有趣。""我不寻求软绵绵的漂亮的东西，我不搞那一套，因为它们似乎是不真实的。一间色彩华丽漂亮美妙的客厅对于我好似一盘巧克力水果冰淇淋，它太美了，它不代表现实。我看见的现实是粗鄙的，人们互相吞噬。我对事情的看法源自这样的观点。"

关于他和业主之间的关系，他说："我比别的建筑师更多地与业主争吵。我质疑他们的需求，怀疑他们的意图，我同他们关系紧张，但结局是共同协作得到更积极的成果。""我不引诱我的顾主，如果我不愿照他们的要求办，我照直讲。我是乐观的，到一定时候，我做的东西总会得到理解。这需要时间。"

　　盖里的庞大怪物超出常见的建筑，他用的设计方法也与前不同。他说他能画漂亮的渲染图和透视图，但后来不画了。他用单线条画草图，做纸上研究，随即做出大致的模型，然后又在纸上画，再做模型研究，如此反复进行。到最后，因为业主非要不可，"我们才强迫自己做个精致的模型，画张好看的表现图"。盖里说他的工作方法与步骤同雕塑家类似，主要是在立体的形象上推敲。

　　毕尔巴鄂古根海姆博物馆刚落成时，人们对那覆盖着闪亮的钛金属的扭曲的庞大建筑深感诧异。当地人反应不一，喜爱的人说它是"一朵金属花"，不欣赏的人说它像"一艘怪船"。博物馆当局估计第一年会有40万人来馆参观，实际来了130万人。后来去请盖里的客户，希望的就是盖里在他们的建筑物上重现毕尔巴鄂的神奇手笔。

　　盖里的出名与走红，主要是由于他在建筑形象方面大胆的标新立异。

　　2004年4月8日—5月7日，北京中华世纪坛艺术馆举办名为"沸腾的天际线——弗兰克·盖里和美国加州当代建筑师的视界"的展览，展出内容是"20世纪最后30年最富色彩、最富动感、最有影响力的建筑奇人弗兰克·盖里和他的同道们"的建筑作品。中国迄今还设有出现盖里设计的建筑物，但这次展览表明盖里的影响已经超出中国的建筑院校，开始向中国公众扩展。今日，盖里的影响可谓无远弗届。

　　（本文作于2007年）

出版说明

    "大家艺述"多是一代大家的经典著作,在还属于手抄的著述年代里,每个字都是作者精琢细磨之后所挑选的。为尊重作者写作习惯和遣词风格、尊重语言文字自身发展流变的规律,为读者提供一个可靠的版本,"大家艺述"对于已经经典化的作品不进行现代汉语的规范化处理。

    《现代建筑的故事》写作时间跨度较大,其中某些著名建筑师的译名和当前通行译名差异较大,为了便于读者理解和查阅,按照当前通行译名做了一些修改。

    提请读者特别注意。

北京出版社

图书在版编目（CIP）数据

现代建筑的故事 / 吴焕加著 . -- 北京：北京出版
社，2025.3
　（大家艺述）
　ISBN 978-7-200-13487-2

　I. ①现… II. ①吴… III. ①建筑史 - 西方国家 - 现
代 IV. ① TU-091.15

中国版本图书馆 CIP 数据核字 (2017) 第 266384 号

总 策 划：高立志　王忠波
策划编辑：王忠波
责任编辑：王忠波　张锦志
责任营销：猫娘
责任印制：燕雨萌
装帧设计：林林

· 大家艺述 ·
现代建筑的故事
XIANDAI JIANZHU DE GUSHI
吴焕加 著

出版　北京出版集团
　　　北京出版社
地址　北京北三环中路 6 号
邮编　100120
网址　www.bph.com.cn
发行　北京伦洋图书出版有限公司
印刷　北京华联印刷有限公司
开本　880 毫米 ×1230 毫米　1/32
印张　13
字数　300 千字
版次　2025 年 3 月第 1 版
印次　2025 年 3 月第 1 次印刷
书号　ISBN 978-7-200-13487-2
定价　118.00 元

如有印装质量问题，由本社负责调换
质量监督电话 010-58572393